孩子的教養，你做對了嗎？

兒童發展專家教你輕鬆學腦科學育兒法

王宏哲 著

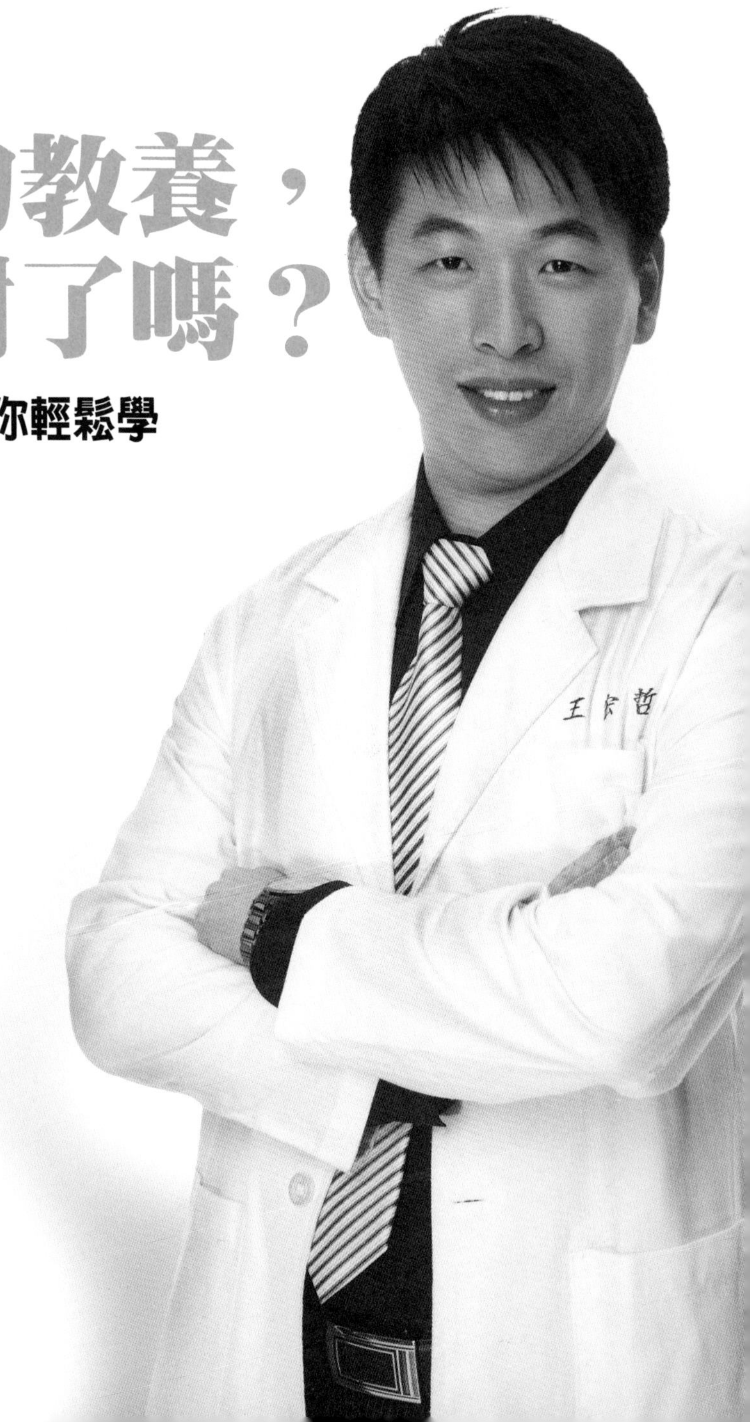

【推薦序】

現代新手父母教養兒女不可或缺的一本書

前教育部長、現任佛光大學校長　楊朝祥

台灣新生兒的出生率已降至全世界最後一名，當孩子越生越少，每個孩子都成了家裡的寶貝，但寶貝如何教養，相信是每位父母都急切想要學習、知曉的事情。只是常常事與願違，不知如何為人父母卻已成人父母，面對孩子的教養，束手無策，不知如何下手，不是透過世代的口耳相傳，就是透過自身經驗的交換，但其中不知有多少沿襲傳統、以訛傳訛或將錯就錯的教養方法，也不知犧牲了多少孩子的前途。

此外，面對層出不窮的社會問題，大家都將矛頭指向學校、教育行政部門，但許多孩子的問題，卻是「種因於家庭、成長於學校、彰顯於社會」，所謂「子不教，父之過」，如果在嬰幼兒時期，家庭不能給孩子較好的學習環境，不能對孩子循循善誘，等孩子長大之後，再要求矯正、重新學習，可能都已錯失最佳的學習時機，不是徒勞無功，就是「事倍功半」。亞里斯多德是古希臘有名的學者、哲學家，當好友要求他擔任孩子的老師時，他問對方孩子幾歲，朋友回答三歲，他卻淡淡的說：「太晚了！」這故事說明了嬰幼兒時期教育、教養的重要性，所謂「三歲看一生」，就是這個道理。

王醫師對於科學育兒及大腦認知神經科學有極深的造詣，且有十多年的臨床經驗，根據學理及臨床經驗撰寫成本書，並將腦科學的教養觀點，轉換成實際、具體的教養方法，希望讓父母在教養子女時，能夠按圖索驥、有所依循。全書包含了將近一千對學齡前兒童父母最想知道的教養方法與對策，幾乎所有父母急切尋求的教養問題，均包含其中，對孩子的適性發展，有極大的助益。對正爲孩子教養問題不知所措的父母，本書是一大福音，也是一本教養寶典。透過這本寶典，家長可以運用正確的腦科學育兒法，刺激孩子發展，讓孩子聰明成長，進而穩定學習。

朝祥在教育部服務期間，就極重視幼兒教育，除推動幼托整合、規畫發放「幼兒教育券」之外，並提出「投資小小孩，國家才有大未來」的口號，就是希望透過家庭、學校對幼兒發展、教育的重視，促進孩童的多元發展，爲國家培育最佳人才。到佛光大學主持校務後，更極重視學生教養的問題，秉持「全人教育，溫馨校園，終身教育」的理念，推動強調學習生活、體驗生命、促進生涯的「三生教育」，希望能培育出具有品德、品質、品味的青年。本書與朝祥推動幼兒教育及在佛光大學推動全人教育的構想一致，故樂意爲之寫序，並盼幼兒教育更上一層樓，精益求精。

【推薦序】

一本連小兒科醫生都推薦的兒童發展寶典

小兒科醫生、親子作家　黃瑽寧

跟宏哲是在超視「請你跟我這樣過」節目中認識的，他擁有職能治療的背景、十多年的臨床經驗，加上陽明大學腦科學研究所的訓練，讓他成爲一位非常難得的兒童認知與行爲發展專家。

大家都知道我是一位小兒科醫生，在美國，兒童發展是小兒科醫生訓練當中很重要的一環，但是在台灣，大部分的小兒科醫生仍專注在疾病的診斷與治療，對於「沒生病」的健康小孩，我們了解的其實不夠多。

然而時代在改變，因爲疫苗與公共衛生政策的影響，現在的兒科門診當中，生病的孩子其實越來越少。取而代之，家長們想問醫生的問題，已經從過去的「孩子生病了怎麼辦？」，漸漸變成「孩子還不會講話怎麼辦？」「晚上不睡覺怎麼辦？」「一直挖耳朵怎麼辦？」「不跟別的小孩玩怎麼辦？」「喜歡打人怎麼辦？」等；而家長們也很好奇「學步車到底可不可以坐？」「雙語幼兒園究竟好不好？」等育兒上會遇到的抉擇，但是通常會提供答案的都是學步車廠商與幼兒園園長。

所以，每當碰到這些老師沒有教的問題，我只好自己去查文獻、找答案，試著提供家長們正確而滿意的解答。就這樣摸索了多年，直到我認識了宏哲。

第一次上節目的空檔，我就忍不住問他：「宏哲，我的病人家長老是問我矯正鞋的問題，但我實在太忙了沒時間研究文獻資料，到底穿矯正鞋有沒有用？」宏哲很專業的回答：「矯正鞋只是復健的一環，必須要配合其他的肌力訓練才有價值。而且市面上的矯正鞋都是統一款，並不能符合每一位小朋友的足部情況呀！」這個答案眞是太中肯了，中肯到我決定這個朋友非交不可，因爲有什麼問題問他就對了，不用再整天自己查文獻，眞是太棒了呀！

後來我才知道，宏哲在知名的親子網站已經駐站回答了上萬名家長的提問，他必須用自己的專業，四處整理資料，再用平易近人的文字回答。這段經歷使他不僅博學，而且擁有超強的整合能力與表達力，無怪乎每次在節目上不管丟給他什麼問題，他總是有能力侃侃而談，提供鞭辟入裡又細膩的解析。

這本珍貴的兒童發展寶典，將這些問題集結成冊，內容囊括幼兒語言、幼兒情緒、幼兒心智發展、幼兒動作發展、幼兒社交發展、幼兒性別教養、幼兒用品等七大類，每一章節的問題，都是家長們心中的千百個問號，卻又不知從何處得到解答。有了這本書，父母可以跟我一樣不用再麻煩，直接在書裡就可以找到答案。

與其整天胡思亂想，擔心孩子的發展跟不上別人，爲孩子的行爲與情緒管裡煩惱，抑或是不確定手邊的幼兒產品是否符合安全考量，不如花個一天的時間，找張舒服的椅子，坐下來從頭到尾看完這本好書。身爲小兒科醫生，我誠摯的推薦。

【自序】健康的教養，成就心愛寶貝的微笑！

時間過得很快，轉眼間，每天陪著可愛孩子們的工作，已經過了十多年的光景。這麼長的一段時間裡，我每天在想，要怎麼把在醫學院求得的知識與臨床的工作心得，分享給眾多關心孩子身心發展的家長，讓父母在教養上有多一份支持，而不會在育兒路上覺得徬徨失措。於是，這幾年我不斷的穿梭在幾百場家庭講座中，甚至親自在親子網路平台上接受家長的教養諮詢，一個接著一個的指導幼兒學習與發展評估。在透過不同的管道，與家長面對面溝通的過程中，我最希望告訴父母的是最健康的育兒方法與最正確的教養觀念。

不說你或許不知道，我這個家長口中的「兒童發展醫學專家」，每天做的不過是孔老夫子所說的「因材施教」。因爲經驗告訴我，爲了讓孩子的身心與人格更健全的發展，每個家庭在每段不同的親子關係發展上，做法必須有所不同，父母都要不斷的從孩子身上學習（包括我也是），才能讓孩子感受到父母的眞心關愛，也才會有和樂的家庭。

「因材施教」在現代教養觀裡不該逐漸淪爲口號，而應該是一個個具體的做法才對。「因材」的觀念在科學育兒裡面的具體做法，就是透過觀察各種互動，了解孩子先天的情緒氣質與生理發展，在醫學領域上稱做「兒童發展評估」。但是，這永遠比不上父母對孩子是否充分的了解來的重要！而「施教」的觀念在現代教育的具體做法，則是在充分觀察後，改變或增加你的親子互動技巧，在醫學領域上稱做「兒童活動設計與介入」。不過，也遠遠比不上父母懂得身教、懂得跟孩子溝通、懂得跟孩子遊戲互動來的重要！這就是我花了好幾年的時間來準備這本工具書的原因，因爲我想要傳達給辛苦的父母一個觀念：**養好孩子，更要會教好孩子！**

書中的「**育兒大家說**」是多年來我最常被問到的教養問題；「**臨床實例**」是醫學與教育上常出現的案例，以及兒童專家會怎麼做；「**錯誤的育兒觀念**」是在檢視一些傳統的錯誤觀念；至於「**科學育兒新觀念**」則是在理論外更重要的策略。透過系統性的整理，希望能得到更多家長的迴響與交流，相信在大家不斷的經驗分享中，一定能從教養中找到預防兒童不良行爲與發展的產生，建立更正向的親子關係。

「兒童預防醫學」與「好教養」，是一體兩面的事，相信很多假性發展上問題的孩子（如注意力不集中、過動傾向、發展遲緩、感覺統合問題、情緒障礙、學習問題等），透過家庭正確的教養方法、豐富的環境刺激，以及完善的早期教育介入，一定可以重見孩子與父母臉上的笑容！

此外，還有很多家長問我對於兒童發展先天或後天的看法，在此我可以非常堅定的告訴各位：**孩子的大腦發展與行爲表現，絕非完全決定於三萬多個基因上，後天的教養才是影響終生人格的關鍵！**「父母懂更多了，孩子更開心了！」快樂的學習育兒，讓我們從現在開始！

PART 1 幼兒語言問題

PART 2 幼兒情緒問題

PART 3 幼兒心智發展問題

PART 4 幼兒動作發展問題

PART 5 幼兒社交發展問題

PART 6 幼兒性別教養問題

PART 7 幼兒用品問題

PART 1

幼兒語言問題

孩子學習語言的速度緩慢，很晚才會說話怎麼辦？

育兒大家說

很多父母將學語時期的孩子交給語言不通的外籍保姆照顧，保姆只負責看著孩子，不讓孩子亂跑就好，所以總是開著電視讓孩子看，這樣是不是會影響孩子的語言發展？

育兒專家說

對！因爲對一歲前「學語前期」與一歲後「學語期」的孩子來說，語言環境非常重要，如果不夠豐富，很可能會造成語言發展遲緩的問題。

孩子大腦的語言學習涵蓋十分複雜的機轉，包含了生理、心智與社會能力等層面，也因而造就了人類高等的溝通能力，所以眞正的語言障礙原因須分析的層面也十分複雜。因此家長必須了解，孩子的語言能力是累積出來的，不但需要豐富的刺激，更需要豐富的親子互動才能水到渠成。

臨床實例

小芳的媽媽來找我評估，說孩子已經兩歲卻還不會說話，在家只會咿咿啊啊，甚至有意義的喊出爸爸、媽媽都不曾有過。我檢視了孩子的整體發展後，發現的確有發展遲緩的狀況。

原來，小芳每次看到姊姊在玩玩具就會想要一起玩，卻總是遭到姊姊拒絕，於是小芳就用倒地大哭大叫的方式來引起大人注意。次數多了以後，只要小芳一倒地大哭，媽媽就會趕快給予安撫與需求，就連平常想喝水或拿任何東西，也只要看媽媽一眼，媽媽就會把東西送到她面前，只求小芳不哭鬧就好。

錯誤的育兒觀念

只要身體健康就會說話，不須大人引導

許多父母認爲孩子只要聽力與舌頭構造正常，自己應該就會說話，於是疏於陪伴，放任孩子自己看電視與玩遊戲。殊不知語言學習必需在發展早期藉由陪伴與互動，讓孩子理解溝通與語言的意義，並且要不斷提供多種感覺刺激，促使大腦發展出溝通能力。

只在乎發聲，不在意理解能力

對於語言發展遲緩的孩子，大人常會求好心切，只在乎孩子到底有沒有發出聲音。但在臨床上，我們

通常會先觀察孩子對口語的**聽覺理解能力**與**認知發展**是否正常，再做進一步的治療。

給予孩子過度的壓力

一歲以後，孩子就可以明顯感受到爸媽希望他們趕快學會說話，然而像是「你怎麼都不說話呢？」「我不是教過你了嗎？」「你看，你又忘了！」這種有壓力的引導方式，反而會讓孩子學習語言的速度變得更慢。

科學育兒新觀念

語言發展需要累積與學習

孩子的語言發展過程就像是積木堆疊，必須從下列幾項基本步驟累積經驗與學習：

①感覺動作經驗
②聆聽能力
③聽知覺和理解
④說話發音
⑤口語表達

放任孩子自己玩而不與他溝通，會使孩子學習語言的速度變慢。

父母必須盡可能的製造孩子的溝通環境與動機，不要當「孝子」，讓孩子只要茶來張口就好。要懂得讓孩子遭遇挫折有所需求，他們才會設法說出語彙，主動表達需要。

另外，語言並不是單指發出聲音與仿說，孩子也必須了解話中含意，才能達到眞正的溝通。所以，父母平日就要在生活情境中加強引導與示範，孩子才能從聽懂、命名與表達物品名稱，進而學會句子表達，最後才可能擁有對話的能力。

透過口腔活動訓練肌肉

造成語言發展遲緩的原因十分複雜，包括生理、心智與社會能力等因素。其中聽力障礙與聽知覺是首要因素，家長可以觀察日常生活中，孩子是否能判斷聲音刺激來源與大小聲，並以此簡單評估孩子的聽力。而孩子對事物的命名與大人的指令反應則可以評估聽知覺、聽覺辨識與認知理解能力。

許多父母所擔心的舌繫帶過短問題則屬於生理因素，因爲發出口語需要綜合口腔動作與觸覺功能，可以透過孩子的舌頭是否能舔到上唇做簡單評估。

此外，平日也可以透過口腔活動來幫助增進孩子的口腔靈活與觸覺，像是舔唇邊的果醬、扮鬼臉、吹樂器或吹氣玩具、練習發出相同聲音等，也可以多提供各種不同觸感的食物給孩子咀嚼，訓練口腔肌肉的靈活度。

TOP 2 孩子遲遲不肯開口說話，等大一點就會改善嗎？

育兒大家說

我的孩子已經兩歲了，只會發出「爸爸」「媽媽」等疊字，很少說出其他字彙。應該再大一點，等四、五歲就會了吧？

育兒專家說

錯！雖然每個孩子的語言能力發展速度不同，但兩歲以上的孩子應該已經有較多字彙，而且會努力拼湊這些字彙來與人溝通，順利滿足自己需求。若無法達成，就可能是語言發展遲緩的特徵，未來可能影響社交與人際溝通。

臨床實例

一對夫妻帶著兩歲多的男孩來找我評估，孩子在遊戲室熟悉一陣子後也玩開了，卻依舊沒有開口講話。後來他拉著我的手要我帶他去拿玩具，一旁的媽媽先開口說道：「他到現在還不會講話，只會叫『爸爸』『媽媽』，需要東西的時候就用『嗯嗯啊啊』來表達。」爸爸聽了很不以為然的反駁：「他現在才兩歲多，我媽說我到五歲才會說話，他就像我小時候一樣，更何況男生本來就發展得比較慢，有什麼關係！」

我發現很多家庭就跟這對爸媽一樣，在孩子的語言教育上犯了很嚴重的錯誤，造成孩子的語言發展遲緩、情緒障礙與人際社交問題。

錯誤的育兒觀念

進入幼兒園後就會改善

許多父母認爲孩子晚說話，就是俗話說的「大隻雞晚啼」，這種說法普遍存在上一代的傳統觀念中；也有些家長認爲孩子進入幼兒園後有學習對象就會改善，所以並未積極訓練或教育。這些做法往往讓孩子錯過三歲前語言教育的關鍵期，造成嚴重的學齡前與學齡期的語言發展遲緩。綜觀我十多年的臨床經驗與許多幼兒研究發現，如果孩子語言發展緩慢，父母在原本就很難教養的**兩歲階段**會碰到更大的難題。因爲孩子說不好，沒有語言工具，只能用情緒與家長溝通，免不了每天上演哭鬧、尖叫、耍賴等戲碼，讓家長傷透腦筋。

嚴厲指導才能讓孩子學會說話

有些家長在教三歲前的孩子說話時會採取責備的方式，例如：「說！快說！這很簡單啊！怎麼不說呢？」「你眞笨！到現在還不會講話，再不講就不給你玩了！」「站在這裡好好說，說不清楚就不讓你吃飯！」

試想，如果在學習新事物的過程中具有高度壓力，周圍又都充斥著負面的指導話語，那麼再強烈的興趣跟動機都會被磨得精光。語言是孩子的溝通工具，嚴厲的教養語言只會讓孩子感受到莫名的壓力，不但會讓親子關係陷入緊張狀態，更無法達成溝通的目的。

科學育兒新觀念

豐富的語言刺激可增進智力發展

學齡前幼兒的語言發展要同時重視**理解**與**表達**能力，語言表現雖然不一定等同整體智力商數，但豐富的語言刺激確實可以增進兒童智力發展。先天上，男孩的語言發展的確比女孩慢一點，不過上國小後就沒有程度上的差異。如果孩子的語言發展眞的比較慢，那麼家長則必須更加重視眼神、表情的交流。因爲對兩歲以上的孩子來說，有意義的社會性姿勢表情越多，對促進語言發展就越有利，並且可以減少情緒相關疾病發生（如幼兒自閉症）。家長可以試著每天親子共讀三十分鐘，將會明顯增進孩子的語言能力。透過遊戲與同齡孩子的互動，也可以刺激孩子表達出更多片語與句子。

TOP 3 孩子的語言理解能力差，會影響學習效率嗎？

育兒大家說

上幼兒園後，老師一直反應孩子的語言理解能力比其他孩子差，這樣眞的會影響孩子的學習效率嗎？

育兒專家說

對！語言理解是認知發展重要的項目之一。指令理解較好的孩子，整體學習能力也會比較強。一般來說，在寶寶一歲半之前，我們會習慣用簡單明白的句型來跟他們溝通，但寶寶對新事物的聽覺理解能力遠超過表達能力的發展。也就是說，隨著寶寶年齡成長，臨床上會建議父母指導語應該慢慢變複雜，以刺激孩子的認知發展。

臨床實例

一對年輕父母帶著孩子來找我評估，想要了解孩子的語言問題。他們覺得孩子已經兩歲半了，卻還是聽不懂很多對話，就連「去鞋櫃拿鞋穿，準備出門」都無法理解。托兒所老師也發現同班的孩子都可以在聽到指令後就動手去試或順利完成，但他們的孩子卻不行。

我跟這對父母解釋這是聽覺理解的障礙，也是認知障礙的一種，必須進一步接受感覺統合聽覺訓練與語言療育課程，才不會影響孩子將來日常生活發展與學習。於是他們接受了我的建議，兩個月後，他們表示孩子的應答反應變好了，聽懂的指令變多了，動作也變得敏捷，就連學校老師也覺得孩子更能融入團體遊戲呢！

錯誤的育兒觀念

長期使用寶寶語言與孩子對話

使用寶寶語言跟孩子溝通固然可以引起孩子的興趣，但父母的教養溝通語言應該逐漸複雜才對，例如一歲前說：「球球呢？」一歲半前說：「球球給爸爸。」一歲半後則要說：「把球拿給爸爸。」這樣才能循序漸進的增加孩子的語言理解能力。平常如果過度保護孩子，把餐具、玩具、衣物、鞋襪等都安排妥當，而不引導孩子主動執行，會導致孩子的聽覺理解能力不佳。

講話太快，不等孩子回應

父母或主要教養者講話過快，不給孩子回應的機會，也容易讓孩子的語言溝通產生問題。另外要特別注意的是，在嬰幼兒語言學習上，家長不能只關心口語表達的發展速度，對成人指導語的執行程度也是智力發展的關鍵之一，例如：「眼睛在哪裡？」「嘴巴在哪裡？」「我的頭髮在哪裡？」等。

科學育兒新觀念

適當的情境教學

父母可以利用自然的情境機會教學，像是描述日常生活中正在進行的動作給孩子聽，例如：「你看，媽媽正在用果汁機打果汁給你喝。」以促進孩子快速的連結與理解；或是要求孩子拿東西、做動作，增加聽懂的語彙、指令與短句。

練習指認物品與提問

教導孩子練習指認物品或圖片，如物品的名稱、功能、地點、動作、食物、身體部位、交通工具等，從實物照片到圖片，逐步練習。利用提問幫助孩子理解疑問句，如「這是什麼？」「做什麼

利用圖片問孩子圖中誰綁兩個？誰綁馬尾？

用？」「他在做什麼？」「去哪裡？」「誰在……？」「誰的？」「哪一個？」「什麼時候？」「爲什麼？」等。

以豐富的肢體語言輔助

遇到與概念有關的表達學習，如大小、長短、顏色、高矮等，可以邊聽邊動手操作，以增加訓練成效。多唸適合的故事書給孩子聽，然後問問題，讓他指出你要找的重點，也能增進孩子理解抽象語彙、複雜語法、語句的能力。

至於面對語言理解力較差的孩子，臨床復健醫學對父母的教養方式，有以下四項建議：

①放慢速度

②停頓

③強調關鍵字

④有更豐富的手勢與表情

TOP 4 孩子還不會說句子，這樣語言發展算落後嗎？

育兒大家說

孩子已經兩歲半了，語言發展卻還停留在疊字或片語，無法完整講出句子。遇到這種狀況，我應該要諮詢專家嗎？

育兒專家說

對！雖然每個孩子的語言發展速度不同，但還是不能偏離發展里程碑太遠。一般來說，孩子從一歲半之後語言能力應快速累積進步，從疊字到造句，再到長句子的仿說，最後可以主動說出許多簡單或複雜的句子。家長在教養過程中，應隨時觀察孩子的語言能力是否漸趨成熟，以免錯失學習良機。

臨床實例

一對快三歲的雙胞胎兄妹來到發展中心，他們跟一群小朋友在感覺統合遊戲室玩了好一會兒，並沒有什麼行為異常。直到雙胞胎哥哥的玩具被拿走，跑來媽媽身邊求救時，我才發現，孩子表達需求還停留在疊字時期，所講的句子不但不清楚，而且還很少。雖然大人努力嘗試聽懂他的需求，但他總是因為無法講出完整的句子而感到生氣。原本這應該是一歲半到兩歲之間的孩子應有的發展情形，但發生在即將三歲的孩子身上，語言發展就顯得太慢了，於是我建議這對父母應盡早讓孩子接受療育訓練。

錯誤的育兒觀念

長大一點，自然就會好

根據統計，有百分之五到十的孩子在學齡前會遇到語言發展問題，可是許多家長都有「長大一點，自然就會好」的迷思。家長當然希望孩子能因年齡成熟而有所進展，但其實只有將近三成孩子的語言能力會主動改善，所以我們一直倡導「早期療育」（或稱「早期介入」）的重要性，就是希望父母能在孩子語言可塑性還很高的時期，及早改變語言互動環境，給予豐富的語言刺激。

將孩子交給外籍保姆照顧

還有些父母會將孩子交給外籍保姆照顧，如果疏於讓孩子大量練習母語表達，那麼在臨床上就很可能發生「後天型的語言發展遲緩」。因爲沒有成人或同儕互動的母語環境，孩子的語言學習就很難進步到運用句子，所以父母對兒童語言發展的重要性，遠遠超過幼兒教育ＤＶＤ與外籍保姆。

科學育兒新觀念

針對學語前期與學語期做出適當引導

一般來說，一歲半以後的孩子，語言與字彙會快速累積及進步，像是言語中出現有意義句子等。因爲從一歲半到兩歲以後是兒童語言爆炸期，這個時期將奠定日後語言與智力的重要基礎。然而，學語前期與學語期分別有不同的引導重點，提供家長參考。

學語前期：

①多利用手勢及聲音來與孩子互動。

②鼓勵孩子透過發出聲音來引起成人注意。

③與孩子遊戲時可以試著發出不同聲音，如大象、火車、狗狗的聲音等。

④當孩子出現學語聲時給予更多回饋（如讚美）。

學語期：

①鼓勵多方仿說，如物品名稱、食物、動作、身體部位等。

②鼓勵仿說短句，並適當的拉長句子。

③讓孩子自己練習描述發生的事件。

④增加親子共讀與聽說故事時間。

⑤增加不同的生活經驗，開放親子互動分享的時間。

⑥等待孩子慢慢將句子講完，指導者不要急著插話或修正。

嬰幼兒詞彙發展狀況檢視表

發展里程碑	語言特徵	語言範例
發聲期（零到一歲）	牙牙學語，會發出不同聲音及語調	呀呀聲、．ㄇㄢ．ㄇㄢ聲、哭笑聲等
單字期（十個月到一歲半）	有意義的語言出現	會發出爸、媽、姨等有意義的第一個單字
雙字期（一歲半以上）	有些許固定的雙字詞	汪汪、喵喵、狗狗、花花、我要等
語彙重要變化期（二到三歲）	兩歲前期會開始想利用字詞來造句，如「要車」表示想玩汽車；兩歲後期為「好問期」，也就是問「為什麼」時期	兩歲前期要能複誦大象、長頸鹿、可樂球等詞彙；兩歲後期要能複誦「車子跑好快」「玩具好好玩」等句子
仿說期（三歲以上）	這個時期的孩子經常重複大人的話，或是仿說句尾的幾個字	三歲前期可以仿說複雜的句子，如「花園有蜜蜂與蝴蝶」等

簡單句期（三歲以上）	可以說出許多自創的簡單短句	如「大野狼出來了」「我們要開車出發了」「大家要玩玩具」等
複合句期（四歲以上）	運用複雜的句子及語言	會出現「因為……所以……」的造句，句子裡能運用正確的動詞，如跑、跳、走、玩等
語句增長成熟期（五歲以上）	表達更具因果關係，並會用二到三個以上的句子來陳述	可以複誦複合句，如「中午吃飯有一碗白飯、一盤青菜和一碗湯」等

TOP 5 何時該開始學第二語言，以及在家要用兩種語言跟孩子溝通嗎？

育兒大家說

聽說讓孩子太早接觸第二種語言會兩種都學不好，我還是等到孩子上國小之後再開始讓他學第二種語言吧！

育兒專家說

錯！只要孩子不排斥，在自然學習的原則下，都可以讓孩子提早接觸第二種語言。因爲零到三歲是學習語言的黃金時期，這個階段的孩子聽說能力發展快速，越早開始接觸不同語言，才能刺激大腦的神經迴路，產生更多連結，讓多種語言的表達能力保留下來，對學齡後的構音與句型學習都有相當程度的幫助。

臨床實例

媽媽帶著三歲半的小燁來找我評估，互動過程中，小燁的動作、人際互動、認知等發展都很符合他的年紀，唯獨在語言方面，小燁的話卻異常的少！評估過程進行了二十分鐘後，才聽見小燁說出簡短且不完整的句子。

媽媽說，小燁不到一歲就會叫爸爸、媽媽，大家都說他很有語言天分，於是每天媽媽負責跟小燁講英語，爸爸說國語，奶奶則講台語，家人都以為小燁很快就可以流利的說出三種語言。沒想到小燁說國語時，竟然會同時夾雜台語、英語，起初媽媽很有耐心的糾正他，並重複示範正確的句子，但小燁卻越來越抗拒說話，家人軟硬兼施也還是無法改善這種情形。

我問小燁的媽媽：「平時互動過程中，最常使用哪種語言？」媽媽表示國語、英語都有。於是我請她只要做到一件事情就好，就是增加以國語溝通的比重，其餘兩種語言皆維持不變。不到一個月的時間，媽媽便與我分享，小燁終於肯主動開口說話了！而且句子變得更長、更完整。幸好小燁媽媽及早尋求專業協助，讓孩子接受更多第一母語的刺激，才有這樣明顯且快速的進步。

錯誤的育兒觀念

不必太早接觸外語

語言的發展也適用「用進廢退」的原則，如果孩子在幼兒時期就接觸過這種語言，那麼大腦就會爲該語言先築好一段橋梁，日後學習時便可省下許多力氣。但若長久不運用，外語的語音迴路也會進行去蕪存菁的過程，大腦會修剪掉雜亂無章的神經迴路，讓我們在處理主要語言時可以更有效率。

不過，還是要掌握一個原則，就是別讓孩子在學習語言時感到壓力，用遊戲取代高壓補習，早期自然接觸外語，才是掌握幼兒腦部發育關鍵期的正確做法。

小時候沒學英文，長大一定學不好

父母最常見的迷思就是：「孩子小時候沒學英文，長大一定學不好！」其實很多名人在分享人生成功經驗時，都提到並非從小學習英文，但長大後還是可以表現得非常好。因爲語言能力是可以透過後天大量努力的經驗累積，引發興趣與學習動機來改善的，具有終身可塑性。

所以，如果孩子已經有語言發展遲緩的情形，就千萬要避免同時學習多種語言，例如國語沒學好，卻整天看英文學習ＤＶＤ等。這樣只會讓語言遲緩的情形更加嚴重，增加孩子學語言的負擔，而造成反效果。

科學育兒新觀念

早期刺激更有效

早期提供零到五歲的孩子兩種以上的語言刺激，能幫助大腦語言中樞神經連結更加緊密。但是，學齡前的孩子最好透過大量的遊戲、操作、日常生活經驗來學習外語，透過這種模式學習的結果才能持續且有效。

母語須占日常溝通的一半

不管孩子接觸幾種語言，第一母語的刺激量永遠要大於其他語言，最好占日常生活溝通的一半以上。

隔代教養有時會運用兩種以上的語言溝通，如果主要照顧者可以與嬰幼兒進行大量語言溝通，加強比重，那麼在臨床上並沒有發現會對幼兒理解與表達能力產生什麼不良影響。如果主要照顧者覺得孩子的語言發展比較慢，或許就要試著將環境調整成單一母語溝通，或是請專家評估孩子的語言發展能力。

謹慎使用多媒體產品

嬰幼兒在三歲前大量接觸宣稱可以快速增加外語能力的多媒體產品，反而會讓母語的理解能力與表達溝通能力變差，所以聰明的父母應該要謹慎拿捏運用時機。

讓孩子看影音光碟學外語，反而會讓母語的理解能力變差。

TOP 6 孩子一定要上雙語幼兒園，英文才會好嗎？

育兒大家說

孩子不能輸在起跑點，所以要上全美語或雙語幼兒園，讓他習慣雙語教學，回家之後還要再做字卡辨認與背誦練習，這樣以後他的英文能力一定會很棒。

育兒專家說

錯！外語學習要以簡單、自然、好玩爲原則，不當的學習壓力或許能讓孩子不輸在起跑點上，但卻很可能因興趣盡失而輸在終點前。唯有讓孩子以遊戲的方式學習外語，才能夠保有對語言的興趣，進而獲得良好的學習效果。

近年來，美國神經科學發現，讓孩子學會兩三種語言跟一種語言同樣容易。因爲當孩子只學會一種語言時，使用大腦左半球較多；但如果同時學習好幾種語言，就會「啓動」更多大腦右半球來協助語言的溝通。嬰幼兒與學齡前兒童同樣具有這種獨特的能力，可以輕易學習一種或多種語言。但專家仍建議，在接觸新語言的初期，應以快樂學習的方式加以引導，並誘發孩子對語言的好奇心。

臨床實例

有位媽媽帶著兩兄弟來向我諮詢語言發展，她表示雖然兩人小時候都念全美語幼兒園，但到底什麼時候該讓弟弟真正開始學習英文呢？

她還說：「當初為了不落人後，很早就讓哥哥學英文，為日後做準備。沒想到上國小後，哥哥在說話與寫作方面，都有中英文混雜的狀況，就連學習國語也有障礙，文法混亂的情形層出不窮。有了哥哥的借鏡後，我便沒有讓弟弟也學英文，弟弟目前過得相當快樂，完全沒有任何學習英文的壓力，但大家又說應該早點讓他開始學英文，我到底該怎麼辦呢？」

聽完這位媽媽的話，我不知道該開心還是難過，因為她說弟弟目前過得相當快樂，完全沒有學習英文的壓力。但我心想，不知道當初哥哥為了學英文而承受了多大壓力啊！我告訴媽媽不用擔心也不用心急，只要讓孩子自然處在英文的環境中，培養孩子對語言的好奇心，透過遊戲中學習的方式，讓孩子覺得學習英文是一件有趣的事，他們便會自然想要進步，並從中獲得成就感，對這個年紀的孩子來說，就已足夠。

錯誤的育兒觀念

一定要念雙語幼兒園

爲了不輸在起跑點，許多家長覺得只要孩子會講話就要開始學英文。由於孩子記憶力正值巔峰，所以每天背一張單字卡，長期累積下來必能增進英文能力，以後上國小、國中就不用那麼辛苦。但是，這些家長卻忽略了應該審慎評估孩子學習語言的基本能力，如果孩子的母語能力本來就不好，那麼就不建議再念雙語，甚至全美語幼兒園了。

在家必須用英文交談

另外，還有些家長讓孩子念全美語幼兒園後，回家還繼續跟他說英文，讓孩子以英文分享當天的學習，並以爲這樣的方式有助於增進英文能力。殊不知這其實是在揠苗助長，因爲唯有輕鬆愉快的「玩」，才是學齡前最重要的發展任務。

科學育兒新觀念

給予適量的外語刺激

三歲到四歲爲孩子母語認知的穩定期，建議選一種主要語言合併適量的外語刺激，避免孩子產生語言認知的混淆，造成語言發展落後的情形。

唱唱跳跳，從遊戲中學習

在孩子接觸外語的初期，建議以遊戲的方式引起孩子的學習動機，並設定合理的目標，適時的給予鼓勵，切勿給予過多的壓力與責備。還有，應分散學習時間，時間短但高頻率接觸，或是利用圖畫聯想，幫助孩子了解，並加深對該字彙的印象。

此外，在孩子學習新語言的過程中，家長的陪伴相當重要。若能讓學習融入生活，那麼孩子的負擔將會減少許多。最好的語言學習方式是「在嘗試錯誤中學習」，所以家長千萬不要責備或嘲笑孩子的錯誤，應該以輕鬆和緩的方式給予正確指導，才能維持孩子的學習興趣與動機。

其實，學習語言可以很有趣，不妨試著了解孩子喜歡的學習方式，唱唱跳跳也都是學習，不需侷限於呆板的單字背誦形式。

TOP 7 孩子很會玩平板電腦，該買幼兒多媒體教材嗎？

育兒大家說

我的孩子眞的很聰明，每次看他玩平板電腦的遊戲，不但答題快，正確率又高，玩起闖關遊戲與畫圖猜字也比爸爸厲害，完全看不出來只有三歲。現代科技發達，玩具與各種多媒體教材的聲光效果好，對孩子的吸引力也夠，有了它們的陪伴，相信孩子一定能有開心又充實的童年。

育兒專家說

錯！三歲以下的孩子應以互動式學習爲佳，不建議看電視或使用其他多媒體教材，互動式學習是這個階段最有效率的學習方式，並且有助於親子關係的培養，也鼓勵使用自然聆聽的方式，像是播放故事或音樂CD。至於三歲以上的孩子，多媒體教材固然適用，但仍建議由家長陪伴觀看，適時給予互動或說明，才有事半功倍的效果。

臨床實例

媽媽帶著小華前來諮詢，在等待評估的過程中，小華一直拿著媽媽的手機玩遊戲，眼睛一刻都沒離開螢幕。媽媽說，小華的專注力因此變得比較好，但不知道為什麼就是不太喜歡別人碰觸他，對實體玩具也總是興趣缺缺。

在與小華接觸後發現，由於他缺乏碰觸的經驗，有觸覺敏感的問題，也因此影響了小華在學校的人際關係。一問之下才知道，原來小華之前有輕微過動的問題，所以媽媽想要藉由聲光刺激很強的遊戲，來訓練他的專注力。可是，他卻因此而變得更暴躁衝動，所以媽媽才帶他來接受諮詢，尋求協助。

其實，有很多方法可以訓練兒童的專注力，臨床上也有專門訓練孩子認知與專注力的電腦軟體，有別於一般的線上遊戲。如果沒有適當控制孩子使用多媒體的時間，將會影響孩子的整體感官學習，像是追視混亂、寫作業漏東漏西、聽指令抓不到重點等現象。建議家長多花時間陪孩子進行實體玩具的操作，除了可以增進親子關係外，對孩子的手眼協調、空間概念與精細動作等腦部發展都有很好的影響。畢竟父母的陪伴，才是孩子終身最受用的教材。

錯誤的育兒觀念

多媒體教材能讓孩子開心學習

許多家長因爲工作忙碌，無法陪伴或教導孩子，所以就購買多媒體教材，以爲以一天一集的方式，應該可以得到不錯的學習效果，而孩子也看得既專心又開心。不過，有不少媽媽反應，孩子在一開始的確覺得新鮮、有趣，可是等到整套買回家後，卻總是只有三分鐘熱度。由此可見，這種學習媒介絕非必要，也不是所有孩子都會喜歡，而且這種媒介正是傷害孩子專注力發展的開始。

把3C產品當保姆

隨著平板電腦與智慧型手機的流行，能夠下載給孩子玩的益智遊戲也越來越多，經常可見孩子拿著這兩項物品在角落玩，既乖巧又安靜。當這些多媒體產品逐漸變成教養上的賄賂品時，或許能夠短暫安撫孩子，但是一旦無效時，孩子原先不當的行爲與習慣，反而會變本加厲（如哭泣、生氣、搶玩具等）。

還有，許多家長會把電視卡通與電腦遊戲當作孩子的娛樂，其實這是很不正確的觀念，而且也反映了現代家長因忙碌讓電視取代父母陪伴的問題。在臨床醫學上發現，長時間使用多媒體教材會使幼兒的生活作息變得更紊亂，家長不可

把3C產品當保姆，容易影響孩子的身心健康。

不謹慎。

科學育兒新觀念

三歲以下避免接觸３Ｃ產品

根據美國醫學學會建議，孩子每天使用３Ｃ產品最好不要超過**一小時**，且每次不要超過**二十分鐘**，否則輕者傷害眼睛發育與心智，重者則會有成癮的可能。所以，建議三**歲前**盡量不要讓孩子看電視，因爲３Ｃ產品的藍光會消耗大量的葉黃素，透過瞳孔進入視網膜後，影響孩子視網膜的發育與視力。

三歲以上可使用健康３Ｃ產品

而三歲以上的孩子雖然可以逐漸接觸多媒體教材，但仍需在家長陪同下一起觀看，藉由家長的引導，獲取正確的學習資訊。此外，爲了避免孩子過度依賴３Ｃ產品而影響身心健康，建議採用兒童發展聯盟呼籲的「健康３Ｃ產品」（具有可以**控制**、**陪伴**與**互動溝通**的特色）。其實，親子共讀對一歲的孩子來說有助於手眼協調，對六歲的孩子則有助於創意與想像力的培養，可說是最好的親子休閒活動。

此外，「天才領袖兒童發展中心」亦有爲家長分類適合兒童的ＡＰＰ功能遊戲，有興趣的家長可上網搜尋關鍵字「天才領袖　奇摩部落格」。

TOP 8 我是個不會說故事的媽媽，可以直接放CD給孩子聽嗎？

育兒大家說

我很想陪我的孩子看書，但我是個不會唸故事書也不會說故事的媽媽，孩子聽不了多久就不想聽了。我想看電視或聽ＣＤ應該可以取代我說故事，這樣不但孩子喜歡，我也樂得輕鬆。

育兒專家說

錯！父母是孩子最親近的人，孩子對父母的聲音也最熟悉，藉由說故事給孩子聽，除了可以增進孩子的理解力與語言發展，還能與孩子建立更強大、緊密的依附關係，這些都是看電視或ＣＤ所無法取代的。

只要掌握一些原則，每位家長都可以享受與孩子一起閱讀的美好經驗。

臨床實例

在某次討論中，小安的媽媽提出一個困擾很久的問題。打從小安十個月大開始，媽媽就買了許多繪本，希望讓他喜歡閱讀，可是小安只肯隨便翻翻，不太感興趣。媽媽試著唸給他聽，卻依然無法引起小安對書的興趣，這樣的情況一直持續至今，讓媽媽感到十分挫折。現在小安兩歲了，漸漸開始對兒歌有興趣，於是媽媽問我，是不是乾脆播放兒歌CD給小安聽，等他再大一點就可以改成說故事CD了？

經過詳細詢問後發現，小安的家裡到處都有他喜歡的玩具，以致於媽媽在讀繪本時，小安很容易被周遭玩具吸引而分心。由於小安對動物有很濃厚的興趣，於是我建議小安媽媽不妨多買一些與動物相關、而且能讓小安操作的互動繪本，然後選擇適合的時間與地點，重新開始與小安的「閱讀計畫」。

一個多月後，小安媽媽笑著跟我說，現在小安已經可以坐在媽媽腿上，聽媽媽說完一整本故事書了呢！

錯誤的育兒觀念

用3C產品取代父母說故事

經常看見許多家長利用3C產品的說故事軟體，取代親自讀繪本給孩子聽，孩子似乎很開心，而家長也樂得輕鬆。其實，適度使用3C產品的確能暫時提升孩子的閱讀動機，不過這些電子產品的內容固定，無法依據孩子的年紀、喜好與語言理解能力，應隨時作調整。

例如同樣一本繪本，唸給大班與幼幼班的孩子就必須有所區別，父母可以調整句子的長度與速度，以符合孩子的能力。更可以配合日常生活中孩子所遭遇的事物，做進一步連結與討論，讓孩子從中學習到更多內容，與父母的感情也會更加親密。

因為說得不好，所以孩子不喜歡聽

許多家長擔心自己故事說的不好，無法引起孩子興趣。其實這種焦慮的情緒容易使孩子與自己都承受許多無形壓力，父母讀得不開心，孩子自然也不喜歡聽。

家長可以試著選擇一個自己與孩子都輕鬆的時間與地點，讓孩子挑選想看的書，陪孩子邊看邊讀書中的圖畫或照片。較小年紀的幼兒，家長可以從教導孩子命名事物開始，並試著描述圖畫所進行的事。如果孩子的理解能力不錯，就可以開始拉長句子，然後加入一些因果概念的描述（因為……所以……），每天只要進行五到十分鐘的看圖說故事，父母不但容易上手，孩子也會樂於參與這種閱讀遊戲。

孩子不好好坐著，就表示沒興趣

在陪伴孩子閱讀繪本時，許多家長都希望孩子從頭到尾好好坐著。殊不知幼兒能持續專注力的時間因人而異，尤其對尚未建立閱讀習慣的孩子來說，更具挑戰性。倘若家長高估孩子的注意力時間，不但容易造成親子衝突，更會讓家長感到挫折，並使孩子對閱讀產生反感。因此，建議家長不要過於嚴肅看待，才會產生更好的效果。

科學育兒新觀念

親子共讀可增進情感交流

根據嬰幼兒研究證實，剛出生的寶寶就有喜歡聽媽媽聲音更勝於陌生女子的偏好，媽媽陪著孩子講故事，對孩子的大腦發展最好。所以，親子共讀時的情感交流與依附關係，這些都是3C產品所無法提供的。

不同年齡的孩子有不同的說故事方式

建議先選擇孩子有興趣的繪本，提升孩子的閱讀動機。在讀繪本時，盡量使用孩子聽得懂的語言與句子，例如一到二歲的孩子可以從命名著手；二到四歲的孩子則可以加入「主詞＋動詞＋受詞」，以及「因爲……所以……」等結構的句子；四到六歲的孩子就可以嘗試描述較短的故事內容。剛開始親子共讀或孩子年紀較小時，讀繪本的時間可以從五到十分鐘開始，再依據孩子的反應與專注力做調整。

另外，時間與地點也很重要。像是睡前，父母與孩子都躺在床上，不容易有其他干擾或容易讓孩子分心的事物，就很適合做爲親子共讀時間。

TOP 9 孩子講話會口吃，應該加強練習說話嗎？

育兒大家說

孩子快三歲了，會講的話越來越多。但最近把句子拉長的時候，偶爾會出現口吃的現象。一開始學講話就這樣支支吾吾，長大一定更嚴重，我看要每天撥時間訓練孩子講故事的能力才行！

育兒專家說

錯！有將近三成的孩子在四歲前有「生理性口吃」，這在幼兒發展中只是暫時的現象。因爲孩子心智能力（想說的事物）超越口語表達能力，兩種能力暫時無法整合，一時無法完整的陳述，進而造成「停頓」或「重複」等說話行爲。這不一定等同「病理性口吃」，持續半年至一年以上才需要諮詢兒童發展專家。

臨床實例

許多媽媽常會問：「我家老大三歲了，講話開始結巴……」「我家妹妹兩歲半了，之前說話都很正常，現在講句子竟然會說：『我我我……要跟你玩球……』」根據我的經驗，這些在臨床上容易產生幼兒口吃的孩子，年齡層都集中在二到三歲。

通常遇到這樣的情況，我都會請焦慮媽媽不要擔心，先改變語言教導的方式，讓孩子自然遊戲，減少學習上的壓力。不要因為孩子結巴就加強練習說話或取笑他，等三到六個月後再觀察口吃的現象，大部分生理性口吃的孩子都會獲得緩解。

錯誤的育兒觀念

用嚴厲的口氣教孩子說話

很多媽媽因爲孩子口吃而變得非常緊張，導致指導時音量變大、頻率變快、指揮變多，甚至會用帶著情緒的表情與手勢嚴厲指責，這些都會讓幼兒口吃情況變得更加嚴重。

由於二到四歲的孩子正在學習文法，並且會試著將句子拉長，所以這個階段的家長盡量避免打斷孩子的話，或是避免在孩子陳述事件時插嘴。尤其是面對語言發展較慢的孩子，這種情況更要注意。

對於已經口吃或構音不清楚的孩子，要避免讓他們接受大量非母語訓練或刺激，應該先將一種語言學好，以免孩子對語言學習有太大的挫折感。

科學育兒新觀念

造成口吃的因素

造成口吃的因素有很多，根據各項研究，歸納出以下幾點：

①左側大腦（語言處理中心）缺乏主控性，或是說話中心轉到右側大腦，而讓大腦正確表達有所混淆。

②孩子講話時的心理期待或周遭的壓力過大，例如急著想要得到某一項東西、大家經常盯著他說話等。

③情緒的管理功能不好，大腦皮質下結構過度活化，造成皮質的表達中樞功能不佳。

④來自多對基因的先天遺傳。

⑤長期負面的溝通經驗，讓孩子害怕說話或說句子。

適當的引導就能改善

想要改善孩子的口吃現象，應少用計時器與時間表。在教導孩子表達時，切記要慢慢說，而不是重複一直說，必須更有耐心的聆聽孩子想說的話。建議不妨

父母應該多花點時間陪孩子朗誦，才能有效幫助孩子學習說話。

引導孩子每天聊自己最重要或最感興趣的事，讓他們能夠自然學習說話；家人亦可陪同孩子一起朗讀，而不是讓他們一個人學習說話。另外，也可以增加一些左腦活動，如抽象分類（分顏色、形狀、長短、種類等）或推理邏輯遊戲（如拼圖、積木等），這些對孩子都很有幫助。

TOP 10 孩子竟然會說髒話，我該好好教訓他嗎？

育兒大家說

孩子最近突然把髒話當成口頭禪，不管玩遊戲或生氣的時候都會說髒話，眞是太糟糕了，我一定得好好教訓他！

育兒專家說

錯！學齡前的孩子說髒話大多是因爲好玩，或是想吸引他人的注意。此時父母的嚴厲斥責不僅無效，反倒會讓孩子覺得這麼做能夠成功的吸引父母的關注，因而變本加厲。一旦讓孩子將髒話當作常用詞彙，家長恐怕會更難以戒除這樣的習慣。

臨床實例

某次在幼兒園裡進行諮詢的時候，老師提起班上有位A同學從電視上聽到一句髒話，之後就在課堂上或與同學玩遊戲時說這句髒話，其他小朋友不但覺得好笑，甚至還開始模仿。老師與家長雖然都會糾正A同學，卻還是無法讓他停止說髒話。

看來A同學非常喜歡用說髒話的方式吸引同學與父母注意，不管是同學的大笑或父母的責備，對他來說都是種滿足。因此，我建議老師上課時告訴班上同學，說髒話是不好的行為，如果有同學說髒話，就必須坐在教室後方的小椅子休息五分鐘。另外，也透過繪本教育孩子正確而有禮貌的說話方式，並且請家長在家配合執行「忽略＋正向教導」。一個月後，當我再到這家幼兒園巡迴演講時，A同學已經不再有說髒話的情況了。

錯誤的育兒觀念

孩子說髒話時要嚴厲責備

有些孩子會把說髒話當作一件好玩的事情，面對這樣的情況，嚴厲責備是無效的。因爲孩子只要一說髒話就會引起其他人（父母、老師、小朋友等）的各種反應（如注視、大笑、生氣、對他說話），這對孩子來說是個非常有趣又有效的遊戲。所以，當父母聽見孩子說髒話時若表現得太過激烈，就等於在暗示孩子「繼續說髒話」，根本無法降低或戒除孩子說髒話的行爲。

此外，生氣時會說髒話的孩子，則是將說髒話當成表達情緒或抒發怒氣的方式。如果父母只顧著責備而忽略說髒話的原因，恐怕只是治標不治本，孩子無從學習認識情緒與適當的發洩管道，難保日後不會再犯。

科學育兒新觀念

用觀察取代責備

首先，父母應該暫時忽略孩子說髒話的行爲，不要給予任何關注，同時觀察孩子是否逐漸減少說髒話的頻率，並了解孩子說髒話的原因爲何，再予以輔導。

透過繪本引導孩子

身教很重要，育兒環境中如果有照顧者會使用不雅的詞彙，那麼孩子就會透過大腦裡的「鏡像神經元」，像鏡子一樣模仿。因此，家長本身就必須謹言愼行。

當孩子說髒話時，必須以溫和且堅定的方式，告訴孩子髒話的含意，請他不要再說，並且與孩子一起討論，訂定出雙方都能接受的「懲罰」方法（如取消玩玩具或出去玩的時間）。

平時也可以利用繪本教導孩子有禮貌的說話方式，進一步幫助他們認識情緒，以及正確表達情緒的方法。當孩子有情緒產生時，先協助他們說出當下的感受（如生氣、害怕），再給予適度的空間與時間來緩和與平復心情。

PART 2

幼兒情緒問題

TOP 1 孩子晚上睡覺容易哭醒，應該哄睡或收驚嗎？

育兒大家說

孩子晚上老是睡不好，常常哭醒後就很難再哄睡，老人家都說要去收驚。只能說，這孩子就是天生難帶，不過也只能整晚抱著他哄睡了。

育兒專家說

錯！孩子的睡眠品質與生理、心理等因素息息相關，只要家長堅定且持續的培養孩子良好睡眠習慣，白天滿足孩子的活動量，就能避免孩子晚上的情緒問題，每個小孩都能擁有優良睡眠品質，成爲健康寶寶。

臨床實例

一歲八個月的彬彬跟媽媽都有很明顯的黑眼圈，媽媽說彬彬的睡眠品質很差，一個晚上至少會哭三次。媽媽試著在睡前讓彬彬吃些點心，買了五種睡前安撫玩偶陪伴他，但他的睡眠依舊沒有改善，搞得媽媽也不能好好睡覺。結果媽媽變得易怒，彬彬變得更愛哭，長期下來母子兩人的情緒都不好，媽媽甚至發現最近彬彬夜哭的情形更嚴重了！

我分析了孩子容易睡不好的幾個原因給媽媽聽，並且請她觀察彬彬有無符合的情形。媽媽仔細回想後才恍然大悟，原來彬彬白天的活動量偏少，大都在家裡玩，食欲也不太好，每餐頂多吃半碗而已，再加上與媽媽發生衝突所產生的情緒問題沒有處理，睡前缺乏固定儀式來緩和心情，嚴重影響彬彬的睡眠品質。

錯誤的育兒觀念

從睡夢中哭醒就哄睡

孩子從睡夢中哭醒有可能是身體不適、肚子餓、房間太熱或太冷、作息不規律、白天運動不夠或睡太多、情緒或壓力事件等眾多因素所導致。有時孩子半夜醒來，可能只是剛好過了一個睡眠周期準備再度入睡，如果大人馬上用口語或肢體動作安撫孩子，反而會讓原本還想睡的孩子完全清醒，然後大人就必須哄更久才會睡。長期下來，孩子會越來越習慣晚上睡覺要人陪、要人哄，如此惡性循環只會使孩子的睡眠品質越來越差，不僅影響發育，家長也無法好好休息。

無法入睡就換方式哄

另外，千萬不要一直變換睡眠儀式，像是玩偶無效就換音樂鈴，抱抱不行就餵奶，這麼做會使幼小的孩子無所適從。每種方式至少都要固定施行一到兩週，然後再觀察評估孩子的睡眠狀況是否逐漸穩定。

想睡再睡就好

讓成長中的孩子跟著大人到十一、二點後才睡覺，是非常不好的習慣。因爲體內的壓力相關荷爾蒙（cortisol）到了晚上十一點後會開始降低，如果超過這個時間就很不容易入睡，進而產生親子情緒對抗，影響孩子的睡眠情緒。

科學育兒新觀念

保持優質的睡眠環境

孩子的睡眠環境應保持通風、減少光線，睡眠過程中建議不要開著除濕機，避免孩子因空氣乾燥不舒服而醒來。一歲以下的嬰兒在睡前可吃些小點心或喝奶，避免半夜因肚子餓中斷睡眠。

孩子半夜醒來，請先觀察再安撫

如果孩子在睡前遇到情緒事件，大人應及時處理並盡量安撫，避免讓孩子帶著不安全感入眠。就算半夜哭泣或醒來，也不要立刻上前安撫，應不動聲色繼續觀察孩子能否自行再度入睡。若是孩子持續哭泣，大人則可以用手輕拍孩子安撫，避免出聲或直接抱起孩子，這樣會讓孩子從睡夢中完全清醒。

維持良好的作息時間

盡可能讓孩子每天都有固定的作息，避免讓孩子午睡時間過久，基本上以兩小時為限。白天盡量讓孩子維持足夠的活動量，運動量夠多，晚上自然可以睡得好。因為白天的光照可以調整孩子的生理時鐘，幫助活化腦內的「視叉上核」（SCN）神經核，進而影響睡眠系統，所以白天帶孩子到戶外曬曬太陽、活動身體是很有必要的。

此外，睡前可以透過固定儀式，如讀故事書、按摩、唱晚安曲等，幫助孩子轉換情境，培養睡覺情緒。也可以利用觸覺刷（請見第八七頁）與按摩，透過這些舒服的感覺幫助孩子整合即將入睡的大腦。

TOP 2 孩子討厭上學，出門前總會大哭大鬧怎麼辦？

育兒大家說

每天早上孩子起床後都吵著不要去幼兒園，洗臉、刷牙時都會大哭，搞得我心情很差。問孩子原因，他總是說還想睡，所以我只好讓他多睡一點，結果每天都拖到快中午才去學校，可是他的情緒還是很不好，這種情況長大後應該會改善吧？

育兒專家說

錯！孩子應該不是睡不飽，而是不想去上學。因爲對一個習慣在家自由自在的孩子來說，幼兒園代表的是有挑戰、要求規範的地方，也是需要與他人互動、妥協及競爭的環境。因此，較依賴的孩子在上學初期會感到挫折與壓力，總是想要逃避不去上學。父母必須用耐心與方法逐漸引導，協助孩子面對未來的團體生活，並且建立規範，幫助其獨立，而不是一味的溺愛與順從孩子，這樣只會讓孩子缺乏解決問題的能力與抗壓性。

臨床實例

小新從小在家備受阿公、阿嬤溺愛，生活作息十分不規律，因此媽媽決定讓小新進入幼兒園學習團體生活。但從沒被要求過的小新每天都吵著不去上學，阿公、阿嬤看了相當不忍，常表示讓孩子多睡一下再去，有時小新甚至還會騙家人「肚子痛」「睡不飽」「老師會打人」等，讓媽媽每天早上都像在打仗一樣。後來，小新到幼兒園適應了一星期之後，就很開心的跟大家一起玩樂了。

錯誤的育兒觀念

延後上幼兒園的時間

由於孩子從小到大從未與父母或家人分開這麼長的時間，所以剛上幼兒園時，難免會哭鬧、耍賴，不肯上學，有些家長甚至還因此延後上幼兒園的時間。但孩子始終要經歷這段過程，學習獨立，所以對孩子來說，這並不是一個好的方法。

其實，許多孩子初期都會有分離焦慮的問題，建議父母剛開始先短時間陪伴孩子，約定好下課見面的時間後就離開，通常大多數的孩子過一段時間後就會自動停止哭泣，並且接受老師與同學的關心。如果一哭鬧媽媽就心軟，甚至妥協的說：「今天讓你休息！但明天一定要去上學！」這樣就等於讓孩子成功挑戰大人的原則，等到隔天，孩子依舊會哭鬧賴皮。如此一來，只會延長孩子的適應期，並非長久之計。

用威脅的方式強迫上學

在臨床上，我們常聽到父母告訴孩子：「你一定要去上學，不讀書以後會變成沒有用的人！」這是在抹煞孩子的學習動機。對孩子來說，幼兒園就是玩樂的地方，孩子可以玩出很多能力與興趣，千萬不要一開始就讓孩子感覺爸媽有無限期待，這樣只會造成孩子的壓力，反而討厭上學。

科學育兒新觀念

父母必須堅持

想讓孩子乖乖上學，首先要讓他們知道父母的堅持，告訴他們天天都要去上學，不能因爲吵鬧就放棄，讓孩子挑戰大人的底線。建議睡前提醒孩子：「明天要到幼兒園上學喔！」而不是詢問孩子：「明天要不要去幼兒園上學啊？」或是提供獎勵制度，鼓勵孩子只要有些微的進步，像是自己穿襪子、動作很快等，就給予適當的鼓勵與獎勵，讓孩子從中獲得成就感。

培養正常的作息時間

另外，培養正常的作息時間也很重要，盡量讓孩子早點起床，有多一點的時間整理心情與準備上學所需的物品。特別是週末假日，也必須讓孩子維持平日作息，才能夠避免大人與小孩的「星期一症候群」。

與家人、玩伴分享心得

如果家裡有兄弟姊妹或鄰居玩伴就讀同一所幼兒園，則可以一起上學，互相提醒上課時間，彼此分享上學的好心情。對於較年幼的孩子，上幼兒園前要提前培養運動習慣（如律動、球類、跑步等）與靜態活動（如聽故事、閱讀、拼圖等），讓孩子盡早適應幼兒園的課程模式。至於討厭幼兒園的孩子，家長則可以多與他分享在幼兒園發生的趣事，老師也可以在下課時跟孩子說：「明天還要來唱唱跳跳喔！大家都在等你一起玩呢！」讓孩子有所期待。

中班才是最適合上學的年齡

根據歐美的研究報告指出，不恰當的教學模式（如過度要求孩子守規矩、提早學寫字、不注重體能活動等）、太早讓孩子上學等，都會讓孩子對學校產生負面印象，進而影響學習動機。根據我十多年的臨床觀察，台灣亦是如此。一般來說，中班以後才是上學的最佳年齡。

父母必須堅持讓孩子每天去上學，不能因為孩子吵鬧就放棄。

TOP 3 孩子膽小，什麼都怕，長大就會改善嗎？

育兒大家說

很多孩子從小就怕黑、怕鬼、怕很多故事角色，甚至經常嚇到哭，不敢自己睡覺，或是晚上睡著後會一直哭醒找媽媽。這應該只是因爲年紀小，所以膽子也小，不用管他，長大後就會好了。

育兒專家說

錯！孩子過度害怕某些人、事、物，可能有部分原因是先天氣質，但也有可能是後天錯誤的教養方式造成。例如虎姑婆的角色總是家長最愛的「教養工具」，很多家長總是愛說：「你再哭，虎姑婆就會跳出來咬你喔！」大家都以爲等孩子心智成熟後，自然就不會害怕這些恐怖的角色，不過根據兒童心理學研究，這些教養造成的恐懼雖然可以暫時讓孩子聽話，但卻可能深埋在大腦記憶中，造成情緒問題與內心長久的陰影。

臨床實例

有對夫妻提出一個困擾已久的問題，他們表示孩子已經四歲多了，卻不敢自己一個人睡，問孩子為什麼，他總說怕黑，怕睡到一半出現虎姑婆。父母覺得孩子已經上幼兒園了，應該可以透過適當的解釋，不再害怕這些不存在的角色，可是無論怎麼試都沒有用，每到晚上睡覺，孩子就會哭著說：「不要關燈！我不要自己睡！你們要在旁邊陪我！」但最近孩子的妹妹剛出生，這對父母實在分身乏術。

我詢問這對夫妻對孩子的教養語言，果然都是：「你再哭，我就叫虎姑婆來抓人！」「你再不乖，就把你關在房間！」這些做法有時的確很管用，但長期來說，對孩子的發展真的很不恰當。

錯誤的育兒觀念

孩子不乖就關起來

有些家長會在孩子吵鬧、哭泣時，將他們關在密閉的空間裡，這是非常不正確的教養方式。這種方式輕則容易造成孩子過度恐懼、緊張盜汗、血壓升高等現象；嚴重的話可能會造成孩子終身都有幽閉恐懼症。

用恐嚇的方式教養孩子

父母在教養孩子時，如果使用太多可怕的東西做處罰，會讓四歲前同理心正在穩定成長的孩子信以爲眞，並做很多錯誤的連結。尤其不要將不可預測的自然現象放在教養語言裡，像是魔鬼、虎姑婆、夜晚吃小孩的怪獸、處罰孩子的神明等，因爲這些抽象的角色是孩子無法透過認知成熟，而減輕恐懼的。

臨床治療上，我也曾遇過父母使用其他不良的教養語言，導致孩子產生行爲問題，像是「你再哭，再賴著不出門，我就把你丟下去！」造成孩子非常怕高；「你再打人、亂砸東西，我就把燈關掉，讓鬼來把你抓走！」造成孩子非常怕成人關燈的動作。孩子的膽小往往是被爸媽「訓練」出來的，家長不可不謹愼面對。

科學育兒新觀念

由當初的指導者扭轉印象

解鈴還須繫鈴人，要解除孩子的恐懼，必須由當初的指導者來扭轉孩子的印象，像是「啊！爸爸記錯了，原來暗暗的天空裡面沒有鬼，只有一閃一閃的小星星。咦？你看那邊，原來傳說中的怪獸是一隻可愛的貓咪啦……」花點時間讓孩子產生新的連結，是十分必要的補救功課。

引導孩子畫下造成恐懼的事物

讓學齡前的孩子試著將自己害怕的事物畫出來，再引導孩子把畫紙揉掉，丟進垃圾桶裡讓它消失不見，使孩子感受到自己其實可以控制這些恐懼怪物；或是利用相關主題的繪本，來進行認知訓練。

怕黑，應給予安全感

對於怕黑、怕一個人睡覺的孩子，建議父母在練習初期應給予足夠的安全感，並試著調整環境。例如父母其中一人陪孩子到他的房間睡，然後從房間到廁所的路線都留盞小夜燈，父母與孩子的房門都先不關，等練習成功之後也要記得給孩子大大的稱讚或禮物。

怕高，多做些前庭覺活動

至於怕高的孩子，平常就應該多做些與前庭覺相關的活動，像是前滾翻、側滾翻、跳跳床，以及被大人高高抱著當飛機飛等，這些活動有助於調整前庭平衡內耳系統，也就是處理孩子深度覺的主要系統。如果孩子還是相當恐懼，請務必尋求**兒童職能治療師**的協助，進行感覺統合的短期訓練。

TOP 4 孩子凡事總愛堅持己見，父母應該順著他的意嗎？

育兒大家說

孩子的個性很固執，凡事總愛堅持己見，而且非常不講理，不過這應該是先天個性，無法改變，只好順著他的意，多讓讓他了。

育兒專家說

錯！雖然每個孩子先天的氣質都不同，但還是可以透過後天教育，培養孩子與他人達成共識的能力及彈性。不擅長溝通的孩子，社交互動相對也會比較差。如果容忍孩子處處堅持己見，他們便會喪失學習聆聽他人意見的機會，未來也容易與同儕產生衝突，在團體中不容易交到朋友。

臨床實例

每到出門時間，小杰總會跟媽媽起衝突，即使媽媽已經提前告知出門時間，小杰仍堅持要玩到不想玩時才肯出門，使得全家人都得配合他的時間，不僅經常延誤行程，更因此導致親子大戰！媽媽無法理解為何已經解釋了這麼多次，小杰依舊固執不講理。越要求小杰提早行動，他就越堅持要自己決定結束才算數。

因為堅持度高的孩子多半想要擁有充分的自主權，只要大人在尊重孩子的同時，不忘教導孩子如何協商，在輸贏之間找到彼此都能接受的平衡點，慢慢的孩子就能學會妥協。

我建議小杰的媽媽針對出門拖延這件事情，找個適當機會讓小杰自行承擔造成的「自然後果」，事後再與小杰討論導致此後果的原因（拖延）。媽媽可以先同理小杰的想法，然後說明自己所擔心的理由，最後再邀請小杰一起討論合適的解決方法。

沒多久後媽媽告訴我，剛開始進行討論時，小杰很意外，雖然有些不習慣，但也同意要改變出門拖延的行為，最後小杰跟媽媽決定用計時器作為提醒物。每當媽媽說要出門時，小杰就會自行按下倒數五分鐘，一旦計時器響起，他就得立刻結束遊戲出門。這個做法成效很好，現在帶小杰出門已經不再是令人困擾的事了！

錯誤的育兒觀念

堅持就是固執不受教

堅持度高的孩子常被認爲固執不受教，讓家長在教養過程感到挫折，因此更加嚴厲責備孩子或乾脆放棄原則順著孩子。前者的做法會讓孩子爲了捍衛自主權，而更加堅持對立；後者則會導致孩子無法學習與他人溝通協調，造成人際衝突。所以，父母面對高堅持度的孩子應盡量保持心平氣和，先試著了解孩子堅持的理由，讓他們知道大人不同的考量，當孩子察覺家長並沒有這麼堅持時，態度也會跟著軟化。如此一來，才能夠接受討論與妥協，眞正學習到溝通協商的技巧。

孩子幼年時期固執的情況多半不會因爲長大而好轉，家長要秉持民主教養的原則，不以暴制暴，才是最適合這類型孩子的教養方式。

試著了解孩子堅持的理由，並與他們溝通及討論，才是最適當的教養方式。

科學育兒新觀念

適當的讓孩子自行承擔後果

家長平時可藉由繪本教育孩子過度固執可能發生的後果，以及適度退讓所產生的好處。當狀況發生時，家長必須先同理孩子的想法，並試著說出孩子堅持的理由，讓孩子感受到父母的體諒。等孩子態度軟化後，再告訴他們父母的憂慮與考量，並請他們說出自己堅持的原因。接著，一起討論協商折衷的辦法，或是提供兩個選項供孩子選擇，必要時家長可以先做出退讓，鼓勵孩子也試著退一步。如果孩子還是堅持己見，那麼在允許的情況下，就讓孩子自行承擔「自然後果」；如果孩子能夠退讓，並接受折衷辦法，就請家給予肯定與讚美。

TOP 5 孩子只要不如意就會大哭大鬧，是因為年紀小不懂事嗎？

育兒大家說

不管在大賣場、便利商店或朋友家，我的孩子只要一拿到玩具就不肯放手，還會堅持要帶回家。一旦不順他的意就氣得大哭大鬧，非得大家讓他才行，我想這只是孩子年紀小不懂事，等長大一點自然就會好了。

育兒專家說

錯！一歲左右的孩子正在發展自主性，凡事開始會有自己的想法。然而，這個階段的幼兒在事情發展不如預期時還無法用語言表達，只好用哭鬧來抗議。雖然能理解孩子哭鬧的原因，但並不代表大人得被孩子牽著走。如果父母因爲無法處理孩子的哭鬧，而完全順從孩子的要求，那就像是在教導孩子「爸媽最怕你哭與耍賴」，並且使他們意識到「只要哭鬧就可以得到想要的東西」，甚至習慣用這樣的方式來達到目的，將來到學校上課也勢必會影響人際互動與情緒表達能力。

臨床實例

小婷的媽媽最怕帶她出門，因為無論去哪裡，小婷只要看到好玩的玩具或喜歡的糖果就非得帶回家不可，如果不順著她的意，她就會立刻大哭大鬧！為了避免招致異樣的眼光，媽媽都會馬上去結帳，把小婷喜歡的東西買回家。同樣的情形也發生在爸爸與爺爺、奶奶身上，全家人都對小婷束手無策。眼看小婷就要升大班了，這種耍賴的情形還是一點都沒有改善，媽媽心急如焚，所以來找我諮詢。

我請小婷家人一定要做到以下三件事：

①約定：出門前先跟小婷約定好，這次不買東西。如果小婷能守信用不耍賴，回家就會帶她去最喜歡的公園玩三十分鐘。

②冷靜：如果小婷再度哭鬧，吵著要買玩具，父母就必須保持冷靜，堅定的提醒小婷出門前的約定。

③堅持：若是情況沒有改善，就帶小婷離開商店，直接回家。

雖然剛開始小婷的媽媽只能做到約定與堅持，但我還是非常肯定她的努力，不過還是提醒媽媽要保持冷靜，才不會受小婷情緒影響。幾週後媽媽告訴我，小婷雖然還是會生氣，但過一分鐘左右便可以妥協，然後聽從媽媽的指令，安靜離開，全家人都覺得小婷進步好多！

錯誤的育兒觀念

管不動就等老師教

「我家有個小霸王，等上幼兒園之後再給老師教好了！」這是個錯誤的觀念，因爲根據研究指出，家庭教養才是奠定好人格基礎的重要途徑。

怕孩子哭鬧而妥協

當孩子的需求或欲望無法被滿足時，表現出負面情緒，這是可以被理解的。但家長若是因爲孩子哭鬧就放棄原則，選擇妥協退讓來安撫孩子，那麼孩子就會學到「會吵的孩子有糖吃」，漸漸變成無法接受外界規範的「小霸王」，凡事只求滿足自己而不理會他人。再加上孩子還沒有機會學習與他人溝通協調，未來勢必會影響到社交互動。

如果父母能夠在這樣的情況下告訴孩子：「我知道你很喜歡這個玩具，不過今天我們只需要買○○，所以請你放回去。」然後忽略孩子的激烈哭鬧，直接帶孩子離開。只要能夠堅守這樣的原則，不因孩子的行爲而有所動搖，幾次之後，孩子就會知道賴皮哭鬧無效，進而逐漸減少耍賴的行爲。

科學育兒新觀念

出門前先做好約定

建議父母出門前先與孩子約定好：「等一下出門只買該買的東西，其餘的都不會買。」接著取得孩子的同意後才出門。如果孩子耍賴，就冷靜的提醒先前的約定，並忽略孩子的哭鬧行爲，然後心平氣和的帶孩子離開；如果孩子遵守約定，父母也就立刻給予讚美或鼓勵，像是大大的擁抱或親吻都可以。另外，平時也可以多利用繪本與孩子討論耍賴的後果，並教導孩子其他適當的表達方式。

TOP 6 孩子做什麼都非贏不可，應該盡量讓他嗎？

育兒大家說

孩子不管跟誰玩遊戲都非贏不可，如果不小心輸了，就會生氣或摔玩具。所以我們在跟他玩遊戲時，都應該盡量讓他贏嗎？

育兒專家說

錯！孩子的成長過程絕非一帆風順，雖然勝利可以帶來自信與成就感，但是如何從失敗中記取教訓，並且再接再厲，才是孩子一生受用無窮的能力。如果孩子從未被教育如何面對失敗，勢必會想盡辦法不顧一切取得勝利，甚至在失敗時把過錯推給他人。如此以自我爲中心的孩子將很難與他人進行良好的合作互動，未來很可能會影響到人際關係與自我評價。

臨床實例

小華的同學很明顯的不喜歡跟他玩，因為小華不喜歡別人贏過自己，總是搶著當第一名，否則他就會大叫：「都是某某某犯規我才會輸，不算啦！重來！」接下來不管大人說什麼，他都不理睬，只是不斷生氣大哭。

小華的媽媽告訴我，他原本是個很沒自信的孩子，所以父母在家中總是故意輸給小華，再趁機讚美他：「你好棒喔！小華最聰明、最厲害了！」希望透過這樣的方式增加他的自信心。沒想到，小華從此卻變得非常在意輸贏，把自己的勝利視為理所當然，無論跟誰玩遊戲都不准別人贏，結果總是鬧得不歡而散。因此，爸爸經常告訴小華「輸又沒有關係」，而媽媽也會教導他以平常心看待輸贏，可惜效果不彰。

此外，小華在幼兒園也很少跟其他同學玩遊戲，大多躲在角落堆積木，就算有同學邀請他一起玩，他也總是說：「我才不要輸給你們！」然後就跑開了。

從這個例子可以看出，孩子怕輸的心態如果沒有經過適時引導，很容易讓孩子的思考變得越來越自我中心，招致他人反感。當孩子感受到排斥後，則會變得更加封閉，如此惡性循環對孩子發展適齡的社交互動技巧，將會是相當大的障礙。

錯誤的育兒觀念

從小好勝沒什麼不好

有人說：「孩子從小好勝，長大後會自我要求完美，沒什麼不好。」這樣的觀念其實並不正確。對與錯，輸與贏，在教養中都是一體兩面的重要課題，父母要妥善利用機會教育來引導孩子，使其心智日趨成熟。

孩子輸不起，就別讓他輸

幼兒會透過模仿，學習正確的人際互動方式，如果孩子從小在「沒輸過」的環境長大，那麼一旦他走出家庭，與外界互動時遭遇挫折，必定會亂了分寸，進而哭鬧排斥面對「輸」這件事。因此，父母不該因爲孩子輸不起就盡量讓他贏，或是過度讚美，以避免產生負面情緒。家長應該提供大量機會陪同孩子練習面對挫折與處理情緒的能力，或是由父母陪同觀察其他孩子進行競賽遊戲，讓孩子透過第三者的角度實際觀察如何以平常心面對輸贏，這樣才能眞正幫助孩子培養孩子「勝不驕、敗不餒」的態度。

科學育兒新觀念

引導孩子度過情緒

父母在家陪孩子進行遊戲競賽時，不必刻意每次都輸給孩子，可以控制讓孩子的**輸贏**比例約在**四比六**左右。當孩子因爲比賽輸了，而出現抗拒、生氣或破壞行爲時，別忘了先同理孩子因挫折所造成的情緒，再冷靜看待並陪伴孩子度過情緒。

討論適當的處理方式

如果孩子因此破壞物品或責罵他人，父母可以請孩子收拾整齊或向他人道歉，然後與孩子討論適當的處理方法。另外，父母也可以試著陪同孩子以**角色扮演**的方式，實際演練正確面對挫折的態度，幫助孩子內化成自己的社交技巧。

TOP 7 孩子無法忍受挫折，長大後就會改善嗎？

育兒大家說

孩子完全無法忍受挫折，不管是堆積木的時候不小心推倒、鞋子穿不好或東西打不開都會哭，我想這是因爲他年紀還小，事情總是做不好，等他長大自然就不會哭了。

育兒專家說

錯！人生遭遇挫折是常有的事，如何處理自己的情緒並面對挫折，必須從小培養與訓練。如果家長從未教育孩子如何正視挫折帶來的負面情緒與解決辦法，就直接讓孩子面對挫折，那麼只會讓身處龐大壓力情緒的孩子產生逃避。如此一來，他們便會爲了避免挫折而拒絕嘗試，變成一個不願參與的旁觀者，對孩子來說，最重要的學習機會就被剝奪了。

臨床實例

小莉是個被動且不願意嘗試的孩子，在我上課的過程中，發現她連最喜歡的盪鞦韆也不會主動嘗試，需要我不斷鼓勵才會勉強去玩一下。結束活動時，小莉更因為無法自行下鞦韆而大哭。在往後的課程中，小莉的低挫折忍受度更是表露無遺。即使很想玩新玩具也不願意自行嘗試，總是要求我陪她，一旦遇到一點挫折，就退縮到一旁不理人，必須花上十分鐘才能撫平她的情緒。

小莉的媽媽表示，小莉從學步時期就非常害怕跌倒，總是要大人抱；稍微失去平衡，就會跌坐在地上大哭，所以花了很長一段時間才學會走路。長大後，舀飯時飯粒掉出來、拼圖放不好、玩具盒打不開，也都會讓小莉生氣好久。媽媽時常告誡她不能因為挫折就生氣大哭，沒想到她卻因此而變成遇到挫折就生氣不理人，不管大人說什麼、做什麼都沒用，至少要生二十分鐘的悶氣才行，父母甚至還經常為這件事吵架。爸爸認為她還小不懂事，不要讓她產生挫折就不會鬧脾氣；而媽媽則認為這是鴕鳥心態，解決不了問題，但是又找不到更好的解決方法。

於是我與媽媽分工合作，請媽媽利用繪本教導小莉認識挫折所帶來的負面情緒，以及正確表達與處理挫折的方法。當小莉因為挫折而生氣不理人時，先同理她的心情，再引導她表達，並教導她改變策略，進而鼓勵她再嘗試一次。上課時我則會提供機會，讓小莉與同儕一起玩遊戲，幫助小莉從第三者的角度，觀察同儕遭遇挫折時的處理方法。同時，還在小莉從事活動時提供「剛剛好」的挑戰，讓她有更多成功經驗來累積面對挫折的正向能量。終於在幾個月後，小莉漸漸改掉生氣不理人的行為，也越來越能開心的玩遊戲了！

錯誤的育兒觀念

面對挫折的能力是天生的

沒有人天生就會處理挫折，孩子也不可能在沒有指導的情況下，自然而然就能面對挫折，所以家長不能期待孩子長大後就自動擁有高度良好的挫折忍受度。因為孩子必須經由學習認識挫折所產生的負面情緒，才可能學會正確處理挫折與情緒的方法。透過每天生活情境中實際練習，一次次的調整自己的情緒與策略，孩子才能慢慢把這些學習而來的技巧內化成自身具備的能力，在面對困難時從容應對。

沒有挫折就不會生氣

與其讓孩子完全沒有挫折感，還不如提供孩子「剛剛好」的挑戰。完全沒遇過挫折的孩子無法學習正確的問題解決能力，但挫折太大也會讓孩子喪失信心。因此，家長必須先了解孩子的能力，同時觀察最容易讓孩子產生挫折的事物（如用湯匙舀食物、玩玩具等），並提供部分協助或調整活動進行的方式，降低活動的困難度，讓孩子靠自己多練習幾次便可完成，如此才能讓孩子體會「多練習嘗試便會成功」的道理，其挫折忍受度便可漸漸提升。

科學育兒新觀念

以說故事的方式引導

建議家長透過自己的經歷或繪本，以說故事的方式教導孩子學習接納挫折與自己的情緒。當孩子遭遇挫折而感到生氣時，父母應該避免指責，嘗試以同理心面對孩子當下的脾氣，並引導他們做出合適的行爲反應。

提供「剛剛好」的挑戰

根據兒童心理學研究指出，設計適當的活動讓孩子在努力後可以順利過關，最能促進學習動機與調整孩子的挫折忍受度。所以，家長不妨提供有點難又不會太難，也就是「剛剛好」的挑戰，讓孩子累積成功面對挫折的經驗。一旦孩子肯嘗試處理挫折，便給予大量的正向鼓勵回饋，累積孩子的自信與成就感。

TOP 8 孩子常會拉頭髮或咬指甲，需要尋求專業的協助嗎？

育兒大家說

孩子時常會出現拉頭髮、咬手、咬指甲等動作，尤其是緊張時更加嚴重，該帶孩子求助專業的兒童發展專家嗎？

育兒專家說

對！孩子會出現拉頭髮、咬手、咬指甲等行爲的原因可能有二：一是感覺統合失調，導致孩子出現上述自我刺激的行爲；二是孩子無法處理本身的焦慮、緊張等情緒，進而藉由上述行爲宣洩情緒。不管孩子屬於何種原因，都需要及時處理，才能避免孩子養成長久的不良習慣。

臨床實例

第一次見到小益時，他的手總是離不開嘴巴。好不容易把手拿出來，卻又繼續摳手皮、摳指甲。媽媽曾經試著在小益手上塗綠油精或辣椒，也無法有效制止，甚至還因此多了一個拉頭髮的動作！一開始家人以為小益是為了吸引別人注意，所以採取視而不見的態度，也曾搭配繪本，教導小益吃手的壞處，但他的行為還是沒有改善。

由於小益另外還有活動量偏大的問題，經過評估後，我開始在上課前先用**觸覺刷**幫小益刷刷四肢，也請媽媽每天至少幫小益刷三次，每次五分鐘，並且搭配關節擠壓與按摩。過了一陣子，小益的媽媽告訴我，他越來越喜歡每天的刷刷按摩時間，情緒也變得比較穩定，偶爾才會咬一下手指，但也能很快停止。現在小益還能拿著觸覺刷幫自己刷身體，幾乎不再有拉頭髮等行為了。

錯誤的育兒觀念

長大後就會好

很多人覺得「幼兒時期的怪僻行爲，長大就會好」，其實這個觀念並不正確，因爲很多不當的自我刺激行爲會讓大腦產生快感，久而久之，就成爲無法戒掉的習慣。

嬰兒一出生，大腦便開始接收各種不同的感覺刺激，經由處理統整後產生適當的反應。大腦對各種感覺刺激有其預設的門檻，感覺刺激輸入的量必須大過於門檻，大腦才能察覺、接收與處理。臨床上許多感覺統合失調的孩子常見外顯的行爲，就是對感覺刺激不敏感。因爲大腦的門檻過高，以致於需要更大量的感覺刺激才能被大腦接收，所以孩子才會用拉頭髮、咬手等動作，來提供自己更大量的感覺刺激。如果家長未及時察覺並處理，那麼未來除了會影響孩子發展高階的感覺統合與動作能力，更可能影響人際發展，衍生更多社交問題。

科學育兒新觀念

善用觸覺刷有助於感覺統合

感覺統合觸覺刷的用途：

①穩定孩子的情緒
②降低自我刺激與活動量
③解決感覺統合失調問題
④降低觸覺敏感，增進觸覺辨識
⑤增加行爲抑制能力
⑥使孩子更能集中注意力

使用方法：

①每天至少三次以上、每次五分鐘，刷的時候必須用力把刷毛壓彎，在四肢上順著毛平順的刷。

感覺統合觸覺刷

②從肩膀刷到手掌、從大腿刷到腳踝，腹側（胸部與肚子）不可以刷。
③刷的時候要快速並大範圍的刷過肢體，避免重複刷同一範圍。
④觸覺刷的平面用於肢體，凹槽面用於指頭。
⑤施行時請隨時注意孩子的反應，如果孩子較敏感，可以先刷在衣服上，但相對的效果就會減半。
⑥注意避免刷在傷口處，六個月以下的嬰兒不可施行。

善用觸覺刷有助於感覺統合，
使孩子的注意力更集中。

TOP 9 孩子喜歡尖叫，等會說話後就會改善嗎？

育兒大家說

孩子喜歡尖叫是正常的，尤其是一到二歲的幼兒，因爲他們還不太會說話，等他們會說話之後就會改善了！

育兒專家說

錯！零到二歲的幼兒的確可能因爲無法用言語表達需求，而改用其他方式取代，但尖叫絕不是唯一的方式。孩子會尖叫一定有原因，如果家長沒有適時回應孩子的需求，放任孩子繼續尖叫或把他們的行爲合理化，就會讓孩子無法學習正確的情緒適應與表達需求能力，隨著年齡的增長，甚至會進一步衍生其他社交與情緒障礙等相關問題。

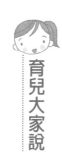

臨床實例

第一次遇到小凡，就被他的聲音嚇了一跳！沙啞的嗓音讓人無法相信這是個不到兩歲的孩子，媽媽說小凡的聲音原本不是這樣，是因為這幾個月變得很愛尖叫才會如此沙啞。

起初小凡尖叫是因為玩遊戲玩得很開心，家人也都不以為意，沒想到後來卻成了習慣，不只玩遊戲時開心會尖叫，就連生氣時也是如此，而且叫得更激烈，完全無法制止。這時父母才驚覺不對，試圖教小凡用其他的方式表達情緒，但小凡根本不理會也不想學習。在學校也常因尖叫干擾老師上課，幸好老師發現小凡尖叫多半是在想睡覺的時候，媽媽也說，小凡從嬰兒時期就很重視睡眠，只要睡眠充足，他的心情就會很好。

於是我建議媽媽在小凡因想睡而開始尖叫時，先溫和的抱緊他，利用深壓的感覺輸入，讓小凡冷靜下來。接著問小凡是否累了想睡覺，讓他學習表達自己的需求，之後再帶他到房間睡覺。一週後，小凡的媽媽告訴我，他尖叫的頻率已經減少很多，老師也表示他在學校已不再有尖叫行為了。

錯誤的育兒觀念

尖叫很可愛，不須處理

人類從出生後便開始發展情緒，因此幼兒也像大人一樣會產生愉快、高興、難過、生氣等情緒，不過要能發展出察覺與處理情緒的能力，則須透過模仿與不斷的練習。因此，不管任何年齡的孩子，都可能在面對自己排山倒海而來的情緒時，感到不知所措。如果不曾教導孩子認識、適應與處理情緒的正確方法，那麼孩子就只能用唯一讓自己感覺舒服的方式（尖叫）發洩。

所以，家中的寶貝一旦出現尖叫等負面行為時，父母要馬上注意是否有身體不舒服、壓力或其他情緒因素困擾孩子，並協助他們適當表達情緒與需求，如此才能讓孩子擁有穩定的情緒與正確的調節技巧。千萬不要覺得孩子尖叫很可愛而正面鼓勵，這樣會讓尖叫行為持續到四、五歲以後。

科學育兒新觀念

先找出原因，再安撫情緒

父母必須將孩子視為一個獨立的個體，並試著理解他們也跟成人一樣有各種情緒。所以，當孩子尖叫時，應盡量保持平常心，唯有心平氣和，才能專心處理孩子的問題。不妨先觀察孩子最容易尖叫的時間、地點與情境等，並以此推敲可能的原因，然後幫助孩子把情緒穩定下來，像是把孩子帶離現場或緊抱孩子，都能夠有效的安撫情緒。

教導孩子透過肢體動作表達需求

待孩子情緒平穩後，再協助孩子用肢體動作、姿勢、簡單詞彙或句子來表達可能的原因（如手比向肚子表示肚子餓、說出「我想睡覺」「我想出去玩」等方式）。這麼做能幫助一歲半以前的寶寶，透過簡單的手勢與大人溝通，表達他的常見需求。

另外，父母平時也要多教導孩子解決問題的方法，並且多鼓勵孩子練習使用。例如肚子餓的時候，可以主動向媽媽表示「餓餓，想吃東西，請媽媽拿餅乾」等。

TOP 10 孩子會用力打自己的頭或打人，這種行為一定有問題嗎？

育兒大家說

孩子總是喜歡拿著玩具或積木把玩，但有時候卻會拿玩具敲自己的頭，或是調皮的敲敲大人的頭，這種行爲一定有問題！

育兒專家說

錯！首先，家長必須觀察這種行爲出現的頻率、強度與維持時間。六歲以前大腦正在感覺統合發展期間，會主動尋找各種感覺刺激，像是觸覺、本體感覺、前庭感覺等感覺經驗。一般孩子喜歡敲打物品與跑跳，主要是在滿足出力的本體感覺與觸覺，因此父母不必過度擔憂。但若孩子過度尋求這種刺激，而導致身體受傷，那可能是大腦本體感覺與觸覺輸入比較鈍感所導致，必須接受兒童職能治療師的評估。

臨床實例

小豪平時特別好動，總是坐不住，會在上課時到處遊走，也不喜歡參與小朋友的團體活動。每當小豪扭來扭去坐不住時，就會出現打自己的頭與敲下巴等行為。偶爾同學開玩笑摸他或戳他一下，小豪就又開始打自己的頭，有時甚至會打人。還有一次全班正在進行繪畫課程，因為小豪在旁遲遲沒有動手而被老師責備，於是他又出現打頭的行為。

這種幼兒行為問題並不罕見，由於孩子會因此受傷，造成許多父母極大的困擾。

錯誤的育兒觀念

孩子亂打就要嚴懲

幼兒期的孩子正在探索環境與感受經驗，偶爾會出現敲打物品或人的行爲，家長千萬不要以打手或責罵的方式制止。在孩子感覺用力刺激經驗時如果一直制止，會讓孩子不知道自己犯了什麼錯，而對大人心生恐懼，感到委屈，並且會阻礙大腦感覺刺激經驗的整合。此時，不妨試著幫孩子找出可以宣洩的活動，像是揉紙、拉黏土、打球等，既能轉移孩子的注意力，又能刺激孩子感覺統合的能力。

另外，孩子在學校如果出現打人的行爲，家長也不要因羞愧而當眾責罵孩子，應該要試著傾聽或查明眞正原因，這樣才能找出眞正的問題所在（生理或心理），避免造成日後人格情緒發展問題。

根據我的臨床經驗，建議先隔離打人的情境，等孩子情緒穩定下來後，再與孩子分析整個經過。但如果孩子打頭或敲打行爲出現頻率過高且無法制止，甚至合併情緒失控的行爲，就有可能是孩子本身自我刺激行爲，常見原因有自閉症或情緒障礙，家長應該進一步請專家評估，以釐清眞正原因。

科學育兒新觀念

設計安全的環境讓孩子把玩、敲打

在幼兒大腦感覺統合發展的過程中，應鼓勵孩子以爬、跑、跳等身體關節刺激經驗來探索環境。大人不要因爲怕孩子弄髒或危險而過度保護，可以設計安全的環境，購置各種玩具讓孩子把玩、敲打；或是從旁協助，說出孩子內心的體驗，像是「硬硬的」「痛痛的」等。如此一來，即可增加孩子大腦網路對感覺的經驗與處理，以利於發展感覺統合的能力。

等孩子稍微長大一點，父母也可以引導一些適當的本體覺或觸覺活動來滿足刺激，而非持續原始的敲打方式。許多活動像是跳跳馬、拍球、跳繩、攀爬、捏黏土等，都能夠滿足刺激。

幼兒期的孩子偶爾會出現敲打行為，家長應以其他方式鼓勵孩子探索環境，不須過度保護。

不過度斥責，並試著了解原因

當孩子容易因爲被責罵而出現打頭、打手等行爲時，表示孩子的內心充滿挫折與不安的情緒，此時父母應該要同理孩子的焦慮，試著了解孩子的困難，並提供適當協助。千萬不要再度斥責，最好能試著忽略，並轉移注意力，然後詢問孩子：「你在生氣嗎？生氣的時候可以……」

在安全的範圍內，父母可以觀察孩子打頭的行爲是否爲達到某些目的的手段，如果確定是的話，就要暫時忽略這個行爲，讓孩子了解這種方式無法順利達成目的，自然就會戒除；如果是因爲**觸覺敏感**（討厭不經意的觸碰，並希望與人保持距離）或**觸覺鈍感**（總是喜歡東摸西摸，感覺永遠都不滿足），就必須以適當的觸覺治療策略才能改善，例如兒童復健科常用的觸覺刷方案與本體感覺方案，建議父母可以諮詢專業職能治療師。

PART 3

幼兒心智發展問題

TOP 1 讓孩子多看電視，可以增廣見聞嗎？

育兒大家說

看電視可以幫助孩子學習各種事物，所以只要多看電視，就可以讓孩子增廣見聞。

育兒專家說

錯！兩歲前的孩子不能透過電視做爲主要學習管道！水能載舟亦能覆舟，看電視的確可以幫助孩子學習，並增廣見聞，但要達到上述目的，則必須滿足以下這兩個原則：

①收看適合的兒童或青少年節目

②規定收看的時間長度與頻率

如果無法遵守規定，除了傷害視力之外，也會讓孩子的專注力與認知學習能力變差。

臨床實例

一群小男孩在公園角落玩耍，他們的對話中不時出現戰鬥陀螺、遊戲卡等，話題也大多圍繞著卡通裡的情節。家長坐在一旁長椅上聊天，其中一位媽媽說：「我家小光整天都在學卡通主角講話，玩的時候也模仿卡通人物的動作。你看，就連在公園跟小朋友玩的遊戲也都與卡通有關。」另一位媽媽則說：「我們家的也一樣。我唸的故事書內容他永遠記不住，但電視裡的卡通情節卻可以一字不漏的背出來。真不知道該說他記憶力好，還是不好？」

錯誤的育兒觀念

電視是育兒的好幫手

「電視保姆」是近十年才出現的名詞，因為孩子外出探索的空間變少，待在家裡的時間變多了，但家裡能玩的東西卻沒變多，所以家長只好讓孩子看電視。再加上雙薪小家庭的父母工作壓力大，回家後還得抽空做家事，於是只能放任孩子看電視，好換取一點自由時間。以下是電視兒童可能出現的後遺症：

①視力變差：從現代孩子的近視比例，便可看出其嚴重性。

②注意力下降：電視的聲光刺激強烈，且變換速度快，孩子一旦習慣這樣的快速刺激，眼睛的追視能力便會受到影響。當轉換成靜態的看書或聽課時，就會因感覺刺激模式不同，而變得無法專注。

③侷限想像力與創造力：電視兒童整天說卡通人物的對話、學卡通人物的動作，整個生活重心都圍繞

著卡通，自然會慢慢失去對環境的觀察力，也就無法探索其他新奇事物了。

④模仿不適切的行爲：有些孩子在看了暴力情節的卡通後，便很容易出現推、打、踢等攻擊行爲。如此一來，就會與他人產生衝突，進一步影響孩子的人際互動。暴力卡通會教出暴力小孩，家長不得不慎。

科學育兒新觀念

選擇「互動式」內容

根據幼兒教育研究證實，「互動式」的多媒體內容才是優質的兒童觀看模式，像是會在節目中停下來問孩子「爲什麼？」，並且等待孩子回答，或是讓孩子找一下「○○在哪裡？」等，這樣有互動的節目才能刺激認知與多元智力的發展。

幼兒期的電視節目應以擴大生活經驗爲主，介紹生活中常見物品與用途，或是擴展孩子對更多物件的認識，例如狗有各種品種、大小、顏色等，又或是介紹孩子常吃的蘋果是長在樹上，整顆蘋果跟切開的蘋果各是什麼模樣等。三歲以上的孩子可選擇與因果概念、生活規矩相關的節目內容，例如天空出現烏雲表示可能會下雨、玩具不會動可能是因爲電池沒電、過馬路要走斑馬線並注意左右有無來車等。

「親子共視」確保品質

「親子共視」是最簡單也最能夠確保孩子收看正確節目的方法，同時亦是幫助孩子從看電視中學習的最重要關鍵。很多家長並不清楚孩子所看的電視節目內容爲何，或是能從節目中學習到什麼，因此只有透過「親子共視」才能確保節目的合適性，並協助孩子理解內容。

注意視力健康

看電視時須注意以下幾點，才能確保孩子的視力健康：

①與電視距離畫面對角線的六到八倍

②坐的位置要在電視畫面左右各三十度內

③電視畫面的高度必須比兩眼平視低十五度

④觀看電視的時間不要超過三十到四十五分鐘

慎防螢幕成癮

很多歐美國家嚴禁兩歲以下的孩子看電視，因爲已經有許多研究證實電視會傷害孩子大腦功能。不過其他研究也發現，如果可以陪伴三**歲以上**的孩子一起收看優良的學習節目，孩子到小學後的語文與數學能力相對會比較好。

數位化的學習是未來趨勢，隨著科技發達各種有螢幕的產品（如電視、電腦、手機）漸漸占據孩子的時間，父母必須從小讓孩子了解除了螢幕外，還有更多好玩新奇的事物等著他去探索，而不要等到孩子整天只想看電視、吵著用電腦時，才開始想辦法戒除螢幕成癮，那就很棘手了。

互動的電視節目才能刺激孩子的認知與多元智力發展。

TOP 2 孩子不會拼圖，應該沒關係吧？

育兒大家說

孩子不會玩拼圖應該沒關係吧？反正玩具跟教具這麼多，只有一、兩項不會，應該很正常。

育兒專家說

錯！從正常兒童發展來看，三歲半的孩子應該要可以完成四片拼圖，四歲可完成八片拼圖，八歲可完成十片拼圖。拼圖所需要的能力爲空間智能，這種概念包括了物件的位置與方位，還有物與自己，以及物與物的相對關係。如果孩子的空間智能不好，容易影響日後的書寫能力。

臨床實例

奶奶說：「我覺得小明很好，沒什麼問題，為什麼要做評估？」

媽媽說：「小明是沒有什麼明顯的問題，但我發現他玩拼圖時好像有點困難，教了好多次還是學不會。」

奶奶說：「哎呀！那麼多東西要學，只有一樣拼圖學不會有什麼關係，不要為了這點小事就去做評估，被認識的人看到還以為小明有問題呢！」

媽媽說：「有疑慮就要尋求專家諮詢，如果真的沒問題，我們才能放心。萬一真的有狀況，也能夠盡早解決啊！」

錯誤的育兒觀念

空間智能不好沒關係

不同的玩具需要不同的能力，在排除經驗不足（新玩具沒玩過）與不適齡的玩具外，孩子若不會操作某種類型的玩具，就可能代表他欠缺某種能力。像是拼圖活動必須具備基本的空間智能，有些家長或許認爲孩子未來不一定要當工程師或建築師，空間智能不好並無大礙。但事實上，空間智能對孩子學寫字是種非常重要的基礎能力，尤其中文字的結構多爲數個部首組成，書寫中文時必須考慮各部件的相對關係與位置，如果位置錯了，所寫出的字會讓人無法辨識，因此空間能力十分重要。

上醫院尋求協助很丟臉

當孩子出現狀況時，帶孩子到醫院或其他單位尋求協助並不丟臉，也不代表孩子一定有問題。許多人把去醫院跟孩子有問題畫上等號，使得孩子往往等到上小學之後，才被老師發現明顯的發展落後，家長此時才開始積極求助。

其實，孩子的發展就像是在蓋房子，必須先讓地基穩固，再一層一層往上蓋。如果地基不穩，那麼這棟房子一定不會堅固。所以，家長千萬不要爲了面子問題，而錯過孩子的關鍵發展時機。

科學育兒新觀念

操作拼圖可以訓練大腦

拼圖是一種讓大腦做體操的遊戲，可以全方位開發大腦的運作，像是刺激管控決策與專注力的大腦前額葉、整合感官動作的大腦頂葉、強化視覺動作整合的大腦枕葉，以及增進左右半腦透過中央胼胝體的訊息交換，所以拼圖是相當適合親子共享的家庭靜態活動。

拼圖能力會隨著經驗累積而進步

選擇拼圖時，可遵循片數從少到多、圖案從簡單到複雜的原則。前面提到各年齡層可完成的拼圖數量，並不是指孩子到了這個年紀自然就會完成這些數量的拼圖，孩子不可能在從未有過經驗的情況下，第一次拼圖就成功。所以到了該年齡層，就應該給予他們玩拼圖的經驗與機會，孩子才能夠很快學會這項技能。當然，每個孩子的學習速度不同，但拼圖的能力會隨著經驗累積而進步，只要有持續的進步，父母就不須過度擔心。

可幫助孩子進一步學習空間智能

孩子學習空間智能都是從自身的經驗開始，家長除了鼓勵並引導他們主動探索與空間有關的活動外，也可以在遊戲過程中加入空間與方位的詞彙，以增進孩子的理解能力，例如走「上」樓梯、把球丟進桶子「裡面」、伸出你的「右」手等。

TOP 3 孩子不會分辨顏色與形狀，可以等學校老師教嗎？

育兒大家說

孩子快四歲了，每次教他認識顏色與形狀，他總是興趣缺缺，現在連一種顏色都說不出來。我想應該不必給他太大的壓力，等上學後老師自然會教，到時候再學也不遲。

育兒專家說

錯！顏色與形狀等概念是認知學習的一環，對檢測孩子的發展有一定的重要性。以四歲的孩子來說，應該要能辨識，並說出至少三種顏色與形狀。如果懷疑孩子學習遲緩，就應立刻尋求專業協助，以免錯過黃金期，導致孩子日後學習產生挫折，而缺乏自信心。

臨床實例

A媽媽：「我們家阿德最近愛上圓形，每次看到圓形的東西就會一直問我這是不是圓形……」

B媽媽：「阿德才三歲就認識圓形啦？我們家小偉都快四歲了，卻記不住任何顏色或形狀！」

A媽媽：「妳不是有教他嗎？」

B媽媽：「是啊！但他總是跑掉不想學。算了，等上學之後老師就會教，到時候自然就會了。」

錯誤的育兒觀念

上幼兒園後老師會教

很多家長認為孩子在上學前不需要特別教導顏色、形狀等認知概念，或是認為學不會也沒關係，反正之後幼兒園老師會教。但從兒童發展的角度來看，孩子應該隨著心智成熟逐漸發展出抽象認知概念的能力。因為動作與語言上的發展較容易從日常行為與遊戲中觀察得到，可是認知方面的發展則需要與孩子互動、討論、共同進行遊戲，才能了解孩子認知發展的程度，因此在學齡前比較容易被大人忽略。

孩子對圖卡沒興趣就放棄

我也常聽家長反應在家裡很難教導孩子學習認知概念，因為孩子總是坐不住或不想學。詢問之下發現，多數家長總是跟孩子坐在桌邊，讓孩子看大人手上的圖卡，並跟著唸：「三角形、圓形、黃色……」往往手上的卡片還沒唸完，孩子就開始不耐的扭動身體，眼神飄來飄去，無法專注。這是因爲這種方法對學齡前的孩子來說過於單調，不符合遊戲原則，所以容易破壞孩子對學習概念的動機與興趣。

科學育兒新觀念

定期檢視孩子的認知發展狀況

孩子在成長過程中的各個階段都有應當具備的能力，家長必須定期檢視家中孩子的認知發展狀況，如有疑慮就要及早尋求專業人員評估，以免錯過矯治時機。如果經評估後確認孩子的認知學習落後，就請配合密集的專業訓練；若孩子已經開始上幼兒園，也請與老師充分溝通孩子的訓練內容，讓所有教學者（早療專業、學校老師、主要照顧者）的引導方式一致，才能加速孩子的認知學習。

以多感官的遊戲方式進行學習

許多研究證實，情緒管理能力會影響孩子的認知發展，當孩子越開心時，學習效果就越好；當孩子情緒差或壓力大時，大腦的學習力則會跟著變差。因此，家長最好以遊戲的方式，開心陪伴孩子學習抽象的認知概念，孩子才能記得又快又牢。

另外，在教導孩子學習顏色、形狀等抽象概念時，家長可以透過多感官的遊戲方式進行，像是加上音樂、配合身體動作、運用雙手去操作、透過日常生活的觀察等方法，都會讓學習的效果更好。

避免讓孩子記憶背誦

在臨床經驗上，比較不傾向以顏色、形狀圖卡一直重複讓孩子記憶背誦，而是利用類化與歸納的方法促進孩子學習，如「你的衣服是黃色，計程車是黃色，香蕉是黃色，太陽公公是黃色。你的帽子跟這些東西是一樣的顏色，是什麼顏色呢？」像這樣以孩子的觀察力來進行教學，將有助於認知理解能力的發展。

學齡前幼兒認知概念評估

家長可透過以下幾點，簡單的快篩孩子的認知發展狀況：

①一到二歲：指認身體各部位
②二到三歲：有數量的概念
③三到四歲：看圖知道大小與長短
④四到五歲：正確辨別並說出三種以上顏色
⑤五到六歲：能分辨方向的左右

利用類化與歸納的方法，促進孩子的學習。

TOP 4 可以等上小學之後，再培養孩子的音樂能力嗎？

育兒大家說

孩子還小不懂音樂，就算聽到音樂也只是「嗯嗯啊啊」沒個音準，而且他現在才五歲，等上小學後再讓他學樂器，應該會比聽音樂來得快一些。

育兒專家說

錯！其實從小就可以在自然的情況下提供音樂環境。哈佛大學發展心理學家迦納博士（Howard Gardner）發現音樂可以開發右腦，所以讓孩子自然的接觸音樂，最不可思議的效益在於能讓左右腦同時接受刺激。大部分的音樂才能都在右腦處理，待音樂技巧越來越熟練之後，原本存放在右腦的能力會穿越大腦的胼胝體，移轉到掌管語言的左腦。因此，接觸音樂所運用到的左右腦功能遠比其他活動來得多，父母可以在孩子做其他事情時創造一個音樂背景。由於音樂由右腦感知，所以能夠讓孩子在不知不覺中，刺激具有創意與藝術能力的右腦。

臨床實例

在我的發展中心對面有一家知名的打擊樂中心，我非常鼓勵孩子去敲敲打打，因為從遊戲中學習是我最推崇的概念，這其中當然包括音樂。但是，越來越多的家長滿懷期待的告訴我，他們讓孩子學鋼琴與打擊樂，每週都要去上三、四次課，甚至還得向幼兒園請假，這樣孩子以後的音樂藝術天分應該會很棒吧？我看著這些孩子每天疲於奔命，完全失去當初接觸音樂的熱情與興趣，於是我反問這些家長：「孩子現在還喜歡你安排的才藝課嗎？」

錯誤的育兒觀念

對音樂有不切實際的期待

許多家長一發現孩子對音樂的敏感性很高，就認爲可能會培養出音樂天才，於是便急著安排孩子去學習各項樂器。然後花了錢，買了樂器，就認爲一定要督促孩子好好練習。奉勸家長千萬不要對孩子的音樂興趣有過多不切實際的期待，自然的接觸才能刺激音樂智能。

學音樂只會浪費時間

「孩子會讀書就好了，不學樂器也沒有關係，萬一學了樂器反而在課業上分心，豈不是弄巧成拙？」

「孩子五音不全，這輩子應該跟音樂搭不上關係，不用浪費錢學樂器。長大以後眞的想聽流行樂，自己自然會去找。」這些都是錯誤的觀念，其實音樂氣質是可以培養的，但也不是每個孩子都有必要培養出高超的音樂技巧。根據研究，男孩的音樂感知能力天生比女孩差，所以多接觸音樂對小男生來說是很好的休閒活動。

科學育兒新觀念

音樂能培育出七種多元智能

音樂是情感的語言，和語言一樣都是人類表達自我的方式，還可以幫助人類體會語言的節奏，所以若能給予孩子充足的音樂環境，將有助於提升孩子的語言智能。音樂教育也是讓兒童了解數學與培養閱讀潛力的基本要素，根據哈佛心理學家表示，音樂智能的力量很強，學習樂器或處於音樂豐富的環境下能同時培育出語文、邏輯、視覺空間、肢體協調、人際、內省及自然觀察等另外七種多元智能。

由於音樂處理全爲右腦所負責，所以只要增加孩子接觸音樂的機會，即使只是建構一個背景音樂，都能夠讓孩子藉由增加右腦刺激，而提升邏輯思維能力。此外，音樂、繪畫與空間感之間也有共通之處，因此可以藉由音樂增加右腦刺激，促進孩子視覺、想像力與創造力的發展。透過音樂活動或表現，孩子也能適時的融入肢體表達，更進一步表達自我情感，增進自省與動作協調能力。

培養欣賞能力亦可刺激右腦

如果孩子表現出音樂才能或興趣，建議家長要循序漸進，以培養「興趣」爲原則，不要給孩子壓力，一旦讓興趣變成功課，就會讓孩子開始產生排斥感。家長應該要試著讓音樂進入生活，引導孩子找到適合自己的舒壓管道。還有，音樂智能的培養不侷限於樂器的學習，培養孩子具有欣賞音樂的能力也是增進音樂智能、自然刺激創意右腦的方法之一。

TOP 5 男孩喜歡玩車子很正常，不玩其他玩具沒關係吧？

育兒大家說

我的兒子只喜歡玩車子，其他的玩具都不喜歡，反正他的爸爸跟叔叔從小也都只玩車子，現在還不是過得很好，所以小男孩喜歡玩車子是很正常的。

育兒專家說

錯！車子遊戲變化太少，無法刺激心智發展，不同的玩具才能提供孩子不同的經驗與刺激。如果孩子只喜歡玩車子，其他玩具都不玩，那麼很可能會造成孩子的遊戲經驗嚴重缺乏。因爲孩子在學前階段最重要的工作就是玩，透過各種不同的遊戲，發展出日後所需的各種能力，所以越多樣化的玩具越能幫助孩子刺激發展，男孩只侷限於玩車子絕非好事。

臨床實例

小新是個標準的車子迷，他身上的衣服、褲子都有車子圖案，手上也緊握著一台汽車模型。我觀察後發現，這個孩子只對有輪子的玩具感興趣，其他玩具連看也不看一眼。媽媽表示，他在家裡只玩車子，其他玩具完全不碰，而爸爸也說：「男孩子本來就喜歡車子，我小時候也是這樣，現在還不是過得好好的！而且小新那麼小就能說出路上所有車子的廠牌名稱，表示他記憶力超好，以後學東西一定很快！」

錯誤的育兒觀念

孩子想玩什麼就讓他玩

現代家庭由於少子化的關係，每個孩子都是家中的寶貝，再加上近年來受到西方文化的影響，使得家長在教育孩子時，不再以傳統的上對下發號施令方式，而是相當尊重孩子的自主權。於是挑選玩具時，就很容易以孩子的喜好爲考量，孩子喜歡什麼就買什麼，不勉強孩子接受不喜歡的玩具。給孩子充分的選擇權固然很好，但孩子一旦有某種偏執，就應該注意。就好比吃飯時不應放任孩子只吃肉不吃青菜一樣，在關鍵抉擇時，父母還是必須適當引導孩子對特定玩具的執著。

我在治療室偶爾會遇到對玩具有特殊偏好的孩子，這些孩子在訓練一段時間後，認知功能都會有很明顯的進步。只是過去受限於遊戲的經驗與廣度嚴重不足，才會造成某些能力發展落後，像是感官能力、社交能力、動作能力等。所以，父母如果發現孩子只玩特定玩具，排斥其他類型玩具就應提高警覺，同時密切觀察孩子的認知能力發展是否符合生理年齡。

科學育兒新觀念

偏好特定玩具會影響心智發展

孩子對玩具的喜好受到先天與後天影響，如果孩子有偏好特定玩具的行爲，那就要觀察孩子會不會過度偏執，例如沒有買玩具車就會哭、每天玩玩具車長達數小時、不能接受沒有帶小車子出門等，這些行爲長久下來可能會影響孩子的整體心智發展。

發展落後的孩子如果只玩特定玩具，不但會減少接收來自其他方面的刺激，更可能使發展落後的程度變得更嚴重。臨床上觀察幼兒時期的自閉症兒童，部分就有執著於只玩某些特定玩具的行爲。

適時擴充玩法能刺激大腦

若是孩子的發展正常，那麼只玩特定玩具的行爲就不

偏好特定的玩具，會影響孩子的整體心智發展。

需要太過緊張。家長可以在遊戲過程中與孩子一起玩，再適時加入其他玩具或擴充不同玩法，像是讓車子擬人化演戲、加入載娃娃去散步的橋段、進入積木蓋的停車塔等角色扮演。大腦神經會因爲受到外來刺激而活化，孩子玩玩具的經驗越多，大腦所接收的刺激越豐富，越能活化更多部位，並使神經之間產生更多連結。

豐富的遊戲經驗不一定要花大錢買很多玩具，日常生活中的用具都可以成爲孩子的玩具，大人只要多花點時間陪孩子一起動手做，不僅可以增加遊戲經驗，更可以刺激孩子手腦並用，發揮想像力與創造力。

TOP 6 如果無法買太多玩具，看電視也可以刺激智能嗎？

育兒大家說

雖然豐富的遊戲可以刺激孩子智能發展，但如果家庭經濟不允許買太多玩具，應該也可以利用看電視來刺激孩子智能吧！

育兒專家說

錯！電視兒童的社交智能反而比較差。豐富的環境刺激不等同於大量或昂貴的玩具，生活中有很多物品都能帶給孩子豐富的刺激。看太多電視會嚴重影響孩子的發展，如情緒處理、專注持續、語言發展、閱讀能力等，也會對孩子整體智能有不良的影響。

臨床實例

A媽媽：「我昨天去玩具特賣會買了五、六千元的玩具回家。」

B媽媽：「妳家不是已經有很多玩具了？這次又買了這麼多，一定是受不了折扣的誘惑吧！」

A媽媽：「我聽說越豐富的刺激才能讓小孩的智能發展更好，就當作投資孩子的未來吧！」

B媽媽：「像我們這種沒錢買玩具的人就讓孩子多看電視，反正多看、多聽，也是刺激啊！」

錯誤的育兒觀念

讓孩子自己玩玩具

現代家長對孩子學前教育的重視程度更勝以往，也願意花更多的錢買玩具，但就像前面所提到：「豐富的環境不等同於大量的玩具。」我曾遇過家長抱怨花了幾十萬元買玩具，孩子卻不想玩。我問家長：「你有試著陪他一起玩或教他玩嗎？」所得到的回答都是：「沒有耶！為什麼要陪他玩？不是買給他自然就會玩了嗎？」

請家長記住一點，各年齡層的孩子都需要**陪伴與引導**。在缺乏陪伴的情況下，孩子的玩興當然會大大降低；相反的，只要有人陪著玩，就算只是一顆球也可以玩出許多樂趣。玩具與教具只是豐富教養環境中的一小部分，生活中可以提供給孩子的刺激其實還有很多，像是出去戶外跑跑跳跳、逛逛展覽、玩沙玩土、放風箏、吹泡泡等，只要父母能多花一點時間陪伴孩子，引導他們觀察、操作、思考，對孩子的智能發展絕對好過於玩具與電視。

看電視能刺激智能發展

還有，讓孩子過度看電視是學不到東西的，因爲孩子只會被聲光刺激與誇大的卡通語言吸引，然後偶爾模仿一下，但這只是孩子發展上的基本功能，是否眞有學習意義、是否能幫助孩子成長，都値得父母深思。

科學育兒新觀念

多接觸、多體驗、多觀察、多思考

智能發展是多感官、多層次的，所以在教養孩子時，應提供大量的機會讓他們多接觸、多體驗、多觀察、多思考，進而加深對生活中各種物件的認識，了解物件本身的性質、名稱、用途等。孩子在兩歲以前是憑藉著各種感官來認識這個世界的，此時的各種感覺經驗是將來一切智能活動的基礎，所以家長務必重視並提供適當的環境與機會，給予孩子各種感覺經驗。

在嬰兒時期，父母可**多與孩子說話**、**唱歌給他聽**、**與他眼神接觸**、**撫摸他的身體**、**輕輕按摩**他的四肢、用大人的手協助嬰兒四肢運動、抱著他輕輕搖晃等，都是給予嬰兒感覺經驗的方法。

而幼兒時期因爲動作能力進步，孩子會出現強烈探索周遭環境的意圖，此時可以引導孩子用多感官認識實際物品，像是用鼻子聞蘋果的味道、用手摸蘋果的觸感、用舌頭舔蘋果的甜味、用眼睛看蘋果的外觀等。多感官的學習除了刺激感官使用，還能讓物品的概念在孩子腦中留下更深刻的印象。

至於兩歲以上的孩子，在認識新概念時則可以使用之前學過的概念來幫助他學習，例如「西瓜和橘子都是圓形」「西瓜和青蛙都是綠色」等，如此一來，不但可以幫助孩子增進類化能力，也能進一步強化大腦內的神經連結。

TOP 7 父母可以透過親子互動，刺激孩子的記憶力嗎？

育兒大家說

大家常說，零到三歲的孩子學習能力很強，尤其是記憶力，這個發展的關鍵期似乎非常重要，父母眞的可以透過親子互動，刺激孩子的記憶力嗎？

育兒專家說

對！家中若有零到三歲的孩子，父母應透過大量的感官遊戲，增進孩子的記憶。經研究證實，影響學齡前孩子大腦智力成長的三大因素爲：**營養**、**遺傳**、**遊戲學習**，而記憶力是組成智能的重要元素之一，按時間來區分，可分爲長期與短期記憶；按功能來區分，則可分爲：工作記憶、感覺記憶、程序記憶、語意記憶等，對孩子整體發展都很重要。最重要的是，這些記憶功能都是父母可以透過親子互動，幫助孩子更加成熟的！

臨床實例

祖父母帶著孫女來找我評估，說孩子從小就是他們帶大的，現在已經準備要去幼兒園念中班，可是他們覺得孩子常會忘記看過的東西與聽過的指令，這樣真的可以去上幼兒園嗎？

剛開始祖父母以為是專注力不足的問題，經過一段時間觀察，我發現問題不在專注力。因為在與孩子互動的過程中，我發現她的動作模仿、複誦與回憶事件的能力都很弱。於是我告訴他們，這是幼兒時期「記憶力」的問題，平常應該提供孩子一些簡單的訓練才能改善。

錯誤的育兒觀念

多背誦就能增強記憶力

許多父母會刻意教導孩子背誦數量（一到一百）、英文字母或注音符號，其實對於增加零到三歲孩子的記憶能力並沒有幫助。因爲記憶是大腦裡複雜的認知系統，透過操作與線索的引發，像是遊戲經驗、肢體感覺、視知覺、味道與聲音，才能有效擴充孩子的記憶儲存。

動作模仿學習必須透過視覺記憶，所以要注意孩子的手勢、姿勢或動作模仿發展能力，因爲這些與記憶也有很大的關係。

記憶力的各項重要功能

①感覺記憶：這是指孩子透過身體感覺而學習的記憶，像是孩子在跑步時踢到積木會產生疼痛的感覺，所以下次就會注意環境中是否有積木，並盡量避開。這是因爲孩子曾有過疼痛的經驗，而產生的感覺記憶，所以父母不應過度保護孩子，否則會剝奪孩子許多學習記憶的機會。

②程序記憶：指的是孩子透過大量經驗累積後，可以更成功的處理身邊的事物。像是騎腳踏車就是利用之前曾有過手腳協調的正確經驗，讓他們一踏上腳踏車就能順利的騎出去。所以，父母應該放手讓孩子嘗試錯誤，主動累積自身經驗，才能增加這種記憶力。

③語意記憶：語意記憶與特定知識有關，是需要父母大量陪伴孩子遊戲才可能習得的。像是「花是香的」「剪刀是尖的」「貓咪是動物」「鳥在天上飛」等，以自然觀察與生活體驗的方式擷取這些特定記憶，最能幫助孩子學習。

④工作記憶：這是指大腦將外界傳入感官的訊息暫存下來再運作的能力，與孩子的認知發展有非常密切的關係，例如「請小朋友依序說出兔子、貓咪、猴子愛吃的食物」，如果孩子能順利回答「紅蘿蔔、魚、香蕉」，就表示工作記憶運作良好。

工作記憶的遊戲設計除了能訓練幼兒短期記憶外，也能刺激孩子大腦認知的運作。在國內，「天才領袖兒童發展中心」是第一個研發工作記憶訓練教案，將其運用於學齡前兒童認知訓練的實證性醫學與教育機構。

記憶力的基礎發展

家長可透過以下幾點，簡單的評估孩子的記憶力發展：

①一歲前：會把藏住的東西找出來

②一歲後：可以模仿多種基本手勢與動作

③兩歲後：可以複誦簡單文字與數字

④三歲後：可以挑出看過的東西或說出剛剛不見的東西

TOP 8 孩子學習時無法專注，該怎麼辦？

育兒大家說

孩子每天在家裡跑來跑去，靜不下來，對很多事情都選擇逃避，無法專注。每次叫他幫我做家事，都必須重複很多次才行。但我認爲他是個聰明的孩子，只是比較不容易專心而已，等他長大一點應該會改善吧？

育兒專家說

錯！孩子在幼兒期本來就對世界充滿好奇，所以總是蠢蠢欲動，顯得相當活潑。但是學習新事物時，應該要能適時的表現專注與認眞理解。如果總是動來動去，靜不下來，長久下來將會影響學習效率。

一般來說，一到二歲的孩子注意力較爲短暫，僅能維持三到五分鐘。不過隨著年紀增長，注意力相對的會慢慢提升。因此，排除聽力障礙外，如果孩子從小就常忽略大人的指令或說話，只顧著進行自己的動態活動，那麼父母就要留意孩子的活動量與注意力發展是否符合其年齡。

若孩子確實聽到大人的指令與說話，但卻要重複很多次才能理解，可能就需要檢視是否爲聽知覺上的問題所造成，而非只是單純的注意力不集中。

臨床實例

中中是個非常好動的孩子，總是一刻不得閒。幼兒園老師表示他上課總是一直說話干擾同學，無法專心學習，也很討厭靜下來寫字。老師叫他時，他總是只顧著玩自己手邊的玩具，不理會大人的規勸。不但經常造成危險，更容易引起同儕糾紛，讓家長十分頭痛，不知該如何是好。

錯誤的育兒觀念

長大後就會改善

許多家長認為孩子的智商能力正常，只是不專心而已，平常只要多提醒幾次，長大後應該就能改善。其實這是錯誤的觀念，如果孩子在動態遊戲時顯得過度興奮，結束時仍無法安靜下來，甚至無法將注意力轉移至靜態課程或持續的時間過於短暫，就代表孩子的活動量過高，已經影響到注意力與持續度，久而久之一定會影響到學習效率。

如果在六歲以前無法有效改善活動量與注意力，那麼到了上小學之後，靜態課程的時間更長，專注力問題勢必會造成學習障礙。

孩子是故意的

有些家長認爲孩子會故意把父母的叮嚀當作耳邊風，確實有不少孩子是因爲家長過度嘮叨而故意忽略，但也有可能是因爲無法專注聆聽指令，再加上對聽覺的辨識度或聽覺記憶力較弱，而造成聽知覺上的問題。這樣的孩子往往會在大人說完話後回答：「啊？什麼？」或是將大人說過的話再重複一次才能記住。長久累積下來，容易造成注意力不集中，家長必須仔細審視孩子專注力不佳的狀況，才能找出眞正的原因，並且加以改善。

科學育兒新觀念

各年齡層的注意持續度

觀察孩子的注意持續度，可以參考以下數值：

①一到二歲：三到六分鐘
②三歲：九分鐘以上
③四歲：十二到十五分鐘以上
④五歲：十五分鐘以上
⑤六歲：二十分鐘以上
⑥學齡後：必須有持續一堂課四十分鐘以上的專注力

値得注意的是，看電視時是否乖乖坐好，絕不能當作專注力好壞的判斷準則。

從日常生活開始練習

父母在日常生活中可以常常交代孩子做事，以增加孩子的聽知覺能力和責任感，像是在大賣場裡就可以讓孩子練習購物。給予的指令可依年齡逐漸增加難度，指令項目越多就越難越複雜，藉此訓練聽覺注意力與記憶力。另外，也可與孩子一起進行視知覺的遊戲，像是拼圖、從複雜的圖案裡尋找指定圖案或符號等，都可以增加視覺專注與持續度，這對孩子以後的閱讀與書寫能力都很有幫助。

安排每日活動，動靜都要兼顧

適度調整分配每日的靜態（如畫圖、聽音樂）與動態（如直排輪、跑步）活動，幫助孩子規畫合適的活動量，才能有效改善注意力問題，讓孩子靜如處子，動如脫兔，養出動靜皆宜的孩子。進行專注活動時，家長若能適時引導與獎勵，也能幫助孩子逐步增加專注時間。對於好動不聽話的孩子，父母不要過度嘮叨，避免說出一長串句子，這只會讓孩子更無法專注聆聽。跟孩子說話時盡量簡短扼要或重複指令，也可以試著引導孩子先思考，再讓孩子自己說出應該怎麼做才對。

應適度調配孩子每天的動、靜態活動，才能培養孩子的專注力。

TOP 9 孩子總是忘記教訓，長大後就會改善嗎？

育兒大家說

我時常提醒孩子不要做這個、不要做那個，但他卻仍舊衝動行事，並且犯錯。只要處罰一過就忘了教訓，弄得大人總是提心吊膽，沒辦法放心。長輩都說長大就好了，是真的嗎？

育兒專家說

錯！孩子好奇心旺盛固然正常，但有些孩子總是把大人的話當耳邊風，卻可能是理解能力與聽覺專注力不好所導致的。或是父母沒有隨著孩子年紀增長，去調整教養方式，總是把孩子當成什麼都不會，導致孩子沒有機會面對問題。無法面對挫折，也從不須思考如何解決問題或預防問題，當然容易犯錯，也無法從錯誤的經驗中學習。

臨床實例

小君是個活潑好動的孩子，媽媽帶她來諮詢時，一開始就拿出幼兒園的聯絡簿給我看。我發現老師經常反應小君忘記帶東西，所以媽媽每天都要幫她整理書包。但更嚴重的問題是，小君的個性很固執，一想到什麼就會馬上去做，欠缺考慮，所以常會不小心干擾其他同學，甚至把同學弄傷，並且無法記取教訓。對於小君不認錯，且一再犯錯，媽媽感到非常苦惱。我評估後發現小君有聽覺專注力不佳與工作記憶差的問題，在找到她挑戰教養行為的主要原因後，就容易介入協助了。

錯誤的育兒觀念

孩子需要無微不至的照顧

許多孩子因爲經常丟三落四，使得媽媽變得非常嘮叨，但孩子卻還是無法記取教訓。其實，這些都是許多照顧孩子無微不至的「好父母」所養成的行爲模式。孩子非但不能從錯誤中獲得教訓，更容易讓孩子「專心聽」的聽覺專注力變弱。這就好比長期處在大量噪音下聽力會變差一樣，只是前者影響大腦學習更爲嚴重。

孩子做錯事就要嚴厲責罵

當孩子因衝動而犯下錯誤時，父母往往急著大罵：「早就跟你說過不要這樣，你還做！」但當孩子情緒尚未平復時，根本無法思考，再多的嘮叨與責備都聽不進去，只會惱羞成怒。如果父母只有嚴厲責罵，而沒有正面與孩子檢討問題及解決方式，那麼孩子根本無法徹底理解問題出在哪裡，當然也永遠學不到教訓。

科學育兒新觀念

刺激孩子主動思考的能力

衝動行事的孩子，家中往往都有對過於操心的父母，這樣的父母習慣過度提醒，嘮叨孩子大小事，所以孩子也習慣把大人的話當做耳邊風。因此，父母必須試著修正態度，提醒孩子大原則，小事讓孩子自己負責，讓孩子自己得到結果，並從中學習修正行爲與解決問題。

在教養時給予簡單指令，不要一次教訓孩子多件錯事，例如：「你今天在學校打人、打翻水、上課跟同學講話不專心，還尿濕褲子！媽媽昨天講的你都沒有聽進去嗎？」像這樣的負面語言加上複雜的指令，會讓孩子無所適從，最後乾脆不想聽，變成很難管教的孩子。倒不如刺激孩子主動思考的能力，例如：「下次同學搶你的玩具時，你覺得應該怎麼辦？」這樣才能有效建立正確的行爲模式。

不當無微不至的父母

從小就要在日常生活中培養孩子獨立與負責的態度，包括吃飯、盥洗、做家事、收書包等，讓孩子能爲自己的行爲負責，並從中獲得成就。千萬不要當無微不至的父母，在孩子尋求協助時再適時介入即可。

而當孩子衝動犯錯時，父母必須冷靜處理，耐心陪伴孩子，等他們心情平靜後，再引導說出事發經過原因，並與孩子一起討論正確處理方式或預防之道。唯有讓孩子自己思考，才可能徹底學到教訓，當下次再遇到相似情境時，才懂得如何面對。

如果孩子持續有好動與衝動行事的問題，並且經常發生重複錯誤，沒有得到教訓，那很可能是因爲他們做事較無組織性與思考能力，這時就要進一步治療評估，看是否與兒童時期的注意力缺損過動症有關。

TOP 10 孩子沒有同理心，不能為別人著想怎麼辦？

育兒大家說

人家說體貼的孩子能設身處地爲別人著想，是必備的人格特質，但我的孩子已經三歲了，卻始終無法學會同理別人，我想同理心應該等到上小學後老師就會教了吧！

育兒專家說

錯！基本的同理心發展從兩歲開始到四歲半以後就逐漸成熟。但這種高階的情緒是需要從幼兒期就開始經驗與學習，才可能慢慢了解其意義，並學習安慰他人。因此，大人應該以身作則，從小示範同理心的方式與技巧，才能培養出善解人意的孩子。

臨床實例

某天媽媽帶著小偉到公園玩溜滑梯，當時公園一共有四、五個孩子一起玩耍。突然有個小女孩在溜滑梯前跌倒，哭得很傷心，其他孩子紛紛上前關心她的傷勢。有的孩子安慰她別哭，有的孩子幫她「呼呼」，還有個小男孩跑去叫小女孩的媽媽趕快過來。小偉的媽媽發現小偉雖然停下來看了他們一下，但沒多久就自顧自的玩溜滑梯，媽媽問小偉要不要去安慰小女孩，小偉搖搖頭跑開了。

媽媽自認平時都有教導小偉要關心別人，家人受傷時小偉也會主動安慰，但為何在公園裡看到小朋友跌倒受傷卻沒有反應，甚至不肯靠近呢？我認為小偉既然在家會主動關心家人，那就代表他有同理心的概念，只是還未能把同理心類化到家庭以外的場所。因此，我請媽媽回家陪小偉玩角色扮演的遊戲，利用角色扮演讓小偉思考與學習不同情境下如何關心他人。

過了一陣子，小偉的媽媽主動告訴我，小偉好喜歡跟媽媽玩角色扮演的遊戲，除了對複雜的情緒有更多了解，能在各種情境下說出各個角色的情緒，還能自己創造不同劇情與媽媽討論，媽媽覺得小偉變得更體貼細心了呢！

錯誤的育兒觀念

同理心是與生俱來的

一般而言，兩歲左右的孩子會開始注意他人的情緒與感覺，甚至對別人有同情心，但這與眞正的同理心還有一段差距。所謂同理心是要能站在他人立場，感受他人情緒，因此孩子必須先知道除了自己以外還有其他人，認識並體驗過不同的情緒，還要能解讀他人的各種情緒，然後再透過大量的角色扮演，學習從別人的角度看待事情，最後才能體會他人心情與想法。

以上的這些能力，都必須從小開始培養訓練，越早開始教導，練習經驗越多，孩子自然更容易內化成自身的能力。相反的，如果因爲父母的忽略，沒有經由角色扮演來教育孩子具備同理心，那麼孩子自然無法體會情緒，更無法了解他人的心情，當然也就無法站在對方的立場爲他人著想。所以，同理心是需要培養、練習與相當的社會經驗的。

科學育兒新觀念

透過角色扮演引導孩子

打從嬰兒期開始，父母就可以利用擁抱與安慰孩子，讓他們理解被關心的感覺，並且經常教導孩子認識父母與孩子自身的情緒，鼓勵孩子表達各種情緒與感受，練習包容自己的情緒。

根據幼兒教育心理學研究，從小愛玩扮家家酒的孩子，心智成熟度較佳，長大後具備更多可以同理他人複雜情緒的能力，除了增進ＩＱ與ＥＱ的發展，更可以減少自閉傾向發生的可能性。所以，父母不妨多與兩歲以上的孩子玩角色扮演遊戲，讓孩子扮演各種角色，以便學習思考不同角色所遭遇的情境與當時的心情等，引導孩子發展同理心。

同理心與腦部構造有關

根據近代腦造影研究發現（也是我在陽明大學腦科學研究所博士班的研究主軸），腦島（Insula）及額下回（Inferior frontal gyrus）與人類的同理心發展有密切的關係。相關同理心的研究包含了對**手勢的同理心**、**對人臉情緒的同理心**、**對動作解讀的同理心**、**對聲音的同理心**、**對情境的同理心**等。這些都與大腦裡一組稱爲「鏡像神經元」的功能有關，這對孩子的教養是很重要的社交、情緒與心智的發現，有助於結合臨床大腦教學的方針。

你的心情我知道——
鏡像神經元

PART 4

幼兒動作發展問題

TOP 1

讓嬰兒趴著睡容易發生危險，躺著睡比較好嗎？

育兒大家說

大家都說嬰兒要躺著睡，千萬不能讓他趴著睡，萬一發生新生兒猝死症，豈不是後悔莫及？而且孩子躺著、躺著就會翻身了，不須太過心急，順其自然就好了。

育兒專家說

錯！孩子固然必須躺著睡，但其實正確的說法應該是在安全的監督下「躺著睡，趴著玩」，趴著玩的練習有利於日後的大動作發展，對於孩子抬頭、翻身與上肢力量都有明顯的助益。

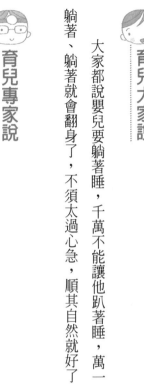

臨床實例

一對新手父母抱著五個月大的孩子走進中心，看到爸爸一手撐著孩子的臀部，另一手扶著孩子的身體與頭部，正在心中納悶的同時，媽媽開口說道：「家裡的長輩與親朋好友都說要讓孩子躺著或側著睡，並且定時幫孩子翻身，這樣頭型才會漂亮。還有，不能讓孩子趴著，也不能隨意抱他，否則會把孩子寵壞，以後會變得很難帶。」

我評估後發現，這個孩子不但不會翻身，頭也沒有辦法抬，頸部與上半身的力氣，遠遠落後同年紀的嬰兒。我透過玩具的引導，試圖引導孩子趴著抬頭，甚至舉手操弄玩具。從來沒有經歷過這些動作的嬰兒，一開始有些排斥且不太開心，一旁疼愛孩子的父母滿臉不捨，恨不得我立刻停止評估，讓他們好好安撫孩子。

這不是我所看過的第一個臨床案例，類似的狀況層出不窮，而且往往要花上好些時間說服與教育父母，告訴他們「趴著玩」對孩子有益。過度保護與過少的動作經驗，很容易造成孩子大動作發展的落後，這樣的教養方式是有必要被正確釐清的。

錯誤的育兒觀念

不能抱，不能趴

「孩子不能抱，不能趴」這個觀念普遍存在老一輩的教養模式中，其實嬰兒就像一塊學習力超強的海綿，給予動作經驗會刺激動作協調與認知發展。在適當的時候抱孩子，能滿足依附感，而讓孩子自行翻身到趴著玩等適當的經驗，也都對孩子的整體發展有正面的影響。

孩子排斥就不勉強

「以前的孩子沒有人引導這些動作，大家不也是這樣長大，沒什麼動作發展的問題，所以只要孩子排斥就不要勉強，時間到自然就會了。」這是個非常錯誤的觀念，只是在合理化家長的寵愛而已。孩子在新的動作經驗初期的確會有些許不適應，但若因為孩子不喜歡，就放棄一些動作機會，會讓孩子對肢體動作越來越抗拒，如此惡性循環，非常容易造成孩子**發展遲緩**與**感覺統合**的問題。

科學育兒新觀念

躺著睡，趴著玩

嬰幼兒應該「躺著睡，趴著玩」，每天至少趴著玩**十五分鐘**，提供孩子喜愛的玩具，透過趴著的姿勢引導孩子抬頭、手撐，甚至舉手的能力。根據臨床研究顯示，趴著玩的動作經驗，有利於爾後大動作的發展與肌肉的協調。

利用毛巾趴睡擺位——請注意漸進式調整，並小心孩子的口鼻是否被擋住。

孩子一開始嘗試趴著玩或許會有些不適應，家長可以試著用玩具或遊戲來引導孩子，讓孩子從躺姿自行翻身至側躺到趴姿，進而發展出爬與坐的功能性動作。上述簡單的誘導，都有利於孩子的大動作協調與腦部發展。

趴睡一定要在成人監視下

趴睡擺位有時是調整頭型對稱與預防**小兒斜頸**最好的方法，小兒斜頸是兒童復健科常見的嬰幼兒疾病之一。市售的頭型枕對於調整孩子頭型不見得有用，趴睡反而有助於培養出較好的頭型。值得注意的是，趴睡一定要在成人的監視下，並排除周遭太複雜的環境（如棉被與枕頭過多），床墊不可以太軟以免過於下陷。如果要讓孩子練習獨立趴睡，根據臨床觀察，一定要到孩子能自己進行翻身後（可以從趴到仰睡、仰到側睡、仰到趴睡），才是比較安全的時間點。

TOP 2 孩子不愛爬，只喜歡扶著站，這樣有關係嗎？

育兒大家說

我的孩子已經九個月大了，學會坐之後總是喜歡扶著東西站，甚至扶著走，但就是不喜歡爬。不過我想「爬」只是一個過渡期，人類最後的移動行爲仍是「行走」，所以我的孩子不爬只走應該是因爲超前的發展，以後一定很有運動細胞。

育兒專家說

錯！根據臨床經驗顯示，沒有經歷過爬行的孩子，成長後的動作協調能力較差。直立行走能力固然重要，但從坐、爬行到跪姿與半跪姿，進而站立的過程爲孩子手腳協調、手眼協調與身體協調的練習過程，建議循序漸進，並創造環境讓孩子在安全的環境中爬行。

臨床實例

媽媽帶著兩個兒子來諮商，弟弟九個月大，已經可以扶著站；哥哥三歲，跑、跳、丟球（擲準、擲遠）與踢球的能力較差，在公園跟小朋友玩的過程中，也較容易摔倒或受傷。媽媽說弟弟的能力應該比哥哥好，才九個月大已經會站了，但其實當初哥哥也有類似的發展模式，沒有經過爬行就能夠站立與行走，長輩都誇他發展過人，殊不知爾後的動作協調卻明顯落後其他孩子。這次來諮商主要是想評估哥哥的狀況是否有機會改善，另外弟弟良好的表現是否能長期維持領先呢？

我聽完媽媽的敘述，不由得憂慮起孩子的發展。大部分家長對於孩子跳過爬行的階段，都認為僅是個微不足道的小問題或根本不是問題，甚至覺得自己的孩子有過人之處，發展超前，領先群雄。漠視此一動作經驗的結果，往往造成孩子動作、手眼協調較差與上肢及軀幹力氣不足的現象產生。

錯誤的育兒觀念

家裡空間小就不用練習爬行

有許多家長因為家裡東西多、空間小，沒有足夠的空間給孩子練習爬，就認為只要孩子能站能走就好。萬一在床上練習爬行摔下來反而得不償失，不如盡早讓小孩坐學步車，練習走路。其實，這樣的教養方式對孩子的各種協調能力都會產生不良的影響，未來甚至造成孩子**動作發展遲緩**。

直接走路的孩子，能力過人

人類的移動是由爬行進化爲直立行走，所以許多家長認爲直接站立或攙扶行走的孩子一定比較優秀。這是個錯誤的觀念，按部就班的發展及誘發對孩子的腦部發展，與各項身體發展都有較佳的影響，直接跳過爬行會使孩子的動作經驗有缺損，對孩子的經驗整合與認知發展都有相當程度的影響。

科學育兒新觀念

爬行可以訓練協調能力

爬行的經驗與探索有助於立體視知覺與身體觸覺的發展，爬行的過程中免不了支撐或操弄玩具，此時身體必須維持一定的穩定性才不會摔倒，因此對孩子手眼協調能力、上肢與軀幹力量都有相當程度的助益，也是最好的感官學習。

爬行的動作過程是一個上下肢對側協調動作，對於孩子的大動作協調性有非常重要的影響，有爬行經驗的孩子長大後產生同手同腳等不協調現象的機率較低，可避免被同儕譏笑等影響心理、自信與社交的問題產生。所以，即使家裡空間不足，仍建議家長創造環境，利用地墊給予孩子適當的空間，進行爬行經驗的建立。

跳過爬行階段直接站立或攙扶學走的孩子並非比較優秀，按部就班的發展對身體發展會有較好的影響。

TOP 3 讓孩子坐學步車，既安全又可以提早學會走路嗎？

育兒大家說

孩子現在六個月大，好奇心強，喜歡到處摸、到處看，把他放在學步車（又稱螃蟹車）裡不但方便照顧，還可以順便讓他學走路。這樣走路的經驗會比其他同齡的小朋友多，對未來的協調性與運動能力一定有所幫助，可以贏在起跑點上。

育兒專家說

錯！在孩子未滿十個月前，不建議放入學步車中練習行走。因爲孩子從躺、坐、爬，到發展成扶站與行走，是一系列大動作成熟的過程。太早讓孩子坐學步車容易造成孩子踮腳尖行走的問題，未來可能造成足底結構變形與肌力平衡失調。

臨床實例

一位爸爸牽著一歲六個月的兒子走進發展中心，孩子看到玩具便迫不及待的飛奔過去，眼看就要到手，沒想到竟然在玩具前摔了一跤，原本的好心情瞬間消失，大哭了起來。爸爸一邊安撫孩子，一邊告訴我：「因為爺爺、奶奶無暇看管孩子，所以大約六個月起，兒子就經常坐在學步車中，結果不到一歲就會踮腳尖走路，連扶著東西站立的時間都很少，全家都很高興，認為孩子天賦異秉。但是一直以來，孩子走路總是跌跌撞撞，雖然一直告訴他不要踮著腳走路，但卻發現他似乎無法控制。甚至只要一不踮起腳尖，孩子就會顯得笨拙，且不會走路，因此想進一步了解孩子的動作發展能力。」

其實，大多數的家庭都有類似情況，因為雙薪家庭越來越普遍，忙碌的照顧者習慣將孩子放在學步車裡以便照顧。其實這樣的方式對孩子的足部發展很容易造成不可逆的改變，與其貪圖照顧便利，還不如選擇富有聲光效果的助步車，這對孩子的步態發展與感官刺激，反而有正面幫助。

錯誤的育兒觀念

坐在學步車裡很安全

許多家長覺得讓孩子坐在學步車裡很安全，可以隨心所欲的在家裡遊戲。尤其吃飯時讓孩子坐在學步車裡，就可以乖乖坐好不亂跑，餵食起來既方便又有效率，還可以邊吃邊玩。這些都是錯誤的觀念，學步車除了不安全外，還會讓孩子進食分心，影響用餐習慣。

可以提早學會走路

一般人以爲學步車可以讓孩子提早學會走路，這也是錯誤的觀念。根據臨床觀察，使用學步車的孩子到了學步期，反而無法離開學步車獨立走路，甚至可能造成長達二到三年的踮腳現象，跑步的協調能力也會比一般孩子差。

科學育兒新觀念

太早使用學步車會影響足部構造

在嬰幼兒滿十個月前，不建議將孩子放入學步車中，因爲在下肢長度不足的情況下，孩子會以踮腳尖的方式碰觸地板，增加穩定性，往往造成爾後踮腳尖行走的情形。踮腳尖走路會造成孩子的足底結構改變，小腿張力過高，進一步導致**O型腿**與**脊椎側彎**等情形。一般

太早使用學步車會影響足部發展，應使用助步車才可以引導孩子正常走路。

來說，踮腳尖行走應於十個月大左右消失，若孩子持續以此方式行走，建議讓孩子穿上支撐性較佳的鞋子，減少踮腳尖行走的機會。

在不當的時間使用學步車半年以上，如果因此衍生出幼兒時期的足部問題，通常需要一年以上的訓練才能調整。如果足部結構已發生問題，需要調整的時間則更長。甚至還有可能因爲習慣過早建立，就算花了很長的時間矯正，卻仍舊無法有效改善。

助步車可引導孩子正常行走

助步車通常附有積木與聲音等有趣構造，在推行的過程中可以吸引孩子的注意力，對孩子的刺激也較爲多元。加上助步車的使用形同攙扶行走，與直立行走的肌肉力量使用較爲雷同，形同漸進式的誘發，可以引導孩子學會正常行走步態。這樣的介入方式對發展中的肌肉骨骼系統較不易產生負面影響，並且可以讓孩子循序漸進，逐漸適應緩衝期與適應期。

TOP 4 孩子常跌倒、抱怨腳痠、想被抱，是因為愛撒嬌嗎？

育兒大家說

我的孩子已經五歲了，走路常常跌倒或搖搖晃晃的很可愛，帶他出去逛街或去遊樂園總是愛撒嬌、要爸爸抱，還常聽他抱怨腳痠。我覺得孩子年紀小不愛走路是正常的，相信他只是因爲比較黏人，等他再大一點你要抱，他還不一定理你呢！

育兒專家說

錯！孩子常跌倒，家長必須進一步觀察才行。每個孩子的行走能力固然不同，但五歲孩子的步態已趨於成熟，不應該繼續跌跌撞撞，或是經常性的抱怨腳痠。若有以上情形，應主動帶孩子尋求專業醫學評估，了解孩子的肌肉張力是否較低，或是因爲足底結構異常所致。這類問題經常發生在扁平足的孩子身上，由於足弓肌肉群無法確實支撐足弓，導致影響孩子的身體平衡能力。這樣的孩子走路也比其他人辛苦，因爲他們必須付出較多的力量走完同樣距離，因此比較容易抱怨腳痠或想要家長抱，甚至頻繁的跌倒。

臨床實例

一對父母帶著五歲多的小男孩到遊戲教室，孩子在遊戲室又走又跑了好一陣子，我注意到他三步腳打結，五步就跌坐在地上。媽媽看著孩子，不斷鼓勵他站起來，孩子跌了幾次後忍不住大哭喊累，不想再玩。媽媽告訴我，他總是這樣沒有耐心，摔了幾次就不走，直喊要媽媽抱。一旁的爸爸緊接著說：「孩子跌倒本來就很正常，尤其是小男生，哪有什麼好擔心的，我實在不懂她在擔心什麼！」

在台灣有很多家長的觀念與這位爸爸一樣，自認為對孩子的動作發展很了解，所以總是認為孩子長大就好。家長的耐心對孩子來說是好的，但要小心不要因為「大隻雞慢啼」的傳統觀念，合理化孩子動作協調落後的事實。當孩子有類似的狀況，還是建議早期介入，讓孩子在最短時間內趕上同年齡的孩子。

錯誤的育兒觀念

孩子常跌倒是因為調皮

有許多人認爲「孩子常跌倒是因爲調皮」，但其實常跌倒跟孩子個性無關，有時與**專注力**反而有關，對自己身體位置專注力較差的孩子較容易跌倒。但主要成因通常是**協調性問題**、**肌肉張力問題**或**下肢整體結構**的問題，千萬不可輕忽。

家中空間不良所致

也有家長認爲，孩子常跌倒是因爲空間設計不良、家裡雜物過多或空間不夠所致。但通常是因爲**前庭平衡覺**異常所造成，這也是孩子常見的感覺統合問題之一。

科學育兒新觀念

三歲後常跌倒須接受專業評估

孩子在學步初期常會跌跌撞撞，實屬正常。但若是過了三歲依然經常跌倒，或是常抱怨腳痠、要人家抱，就建議前往兒童發展中心或復健科進行評估。此時多半是骨骼肌肉系統的肌張力問題，兒童物理治療師所開的運動處方，對孩子的發展有相當大的幫助，多數孩子在接受訓練後，即可迎頭趕上，並可提升孩子未來的社交、自信與情緒發展。

規畫適當的活動量

在學走路的初期，孩子自己知道可以走多久，累了會自然坐下，家長無須過度擔心，亦不可勉強孩子繼續行走。若發現孩子不太願意走，家長可以拿玩具吸引他。當孩子的步態或行走方式較爲穩定後，家長可以多帶孩子進行戶外活動，建議至少以一週兩次的戶外活動量較爲充足。平日也不建議依靠推車行動，到三歲還經常坐推車的孩子，平衡感會比一般孩子差，跌倒的可能性也較高。

TOP 5 孩子走路外八，長大後自然會改善嗎？

育兒大家說

我的孩子已經六歲了，走路總是外八，看起來搖搖晃晃，腳又經常開開的，像極了七爺八爺。我問過很多人，大家都說這是自然現象，反正孩子還小，等大一點去學校跟同學玩，看多了自然就會恢復正常。

育兒專家說

錯！雖然每個孩子的動作或行走能力發展速度不同，但六歲的孩子步態應該已趨近成人，如果仍有內八或外八的情形，應盡速帶孩子前往復健相關機構請專業人員評估，了解問題所在。兒童異常的步態並不會因進入幼兒園，透過學習模仿而改善，反而容易因爲跟別人不同，承受同儕異樣的眼光，甚至可能影響活動表現或引起同儕嘲笑，造成孩子的自信心受創，影響往後的社交人際關係。

臨床實例

六歲的瑤瑤一進到遊戲室，明顯的內八步態讓人不注意都難。奶奶說她爸爸小時候也是這樣，後來把鞋子顛倒穿就好了，哪需要評估矯正，帶她來真是多此一舉！而且有鞋子穿就好了，反正幼兒園都在室內上課，在外面穿鞋的時間又不多，穿什麼鞋子都一樣，根本不需要買一雙上千元的鞋子！

奶奶說的話叫我聽了非常緊張，還好經過諮詢，瑤瑤的媽媽都有確實遵守我的建議，不然實在很難想像未來瑤瑤走路會是什麼樣子。

錯誤的育兒觀念

鞋子顛倒穿就能矯正內八

老一輩的人認爲，把鞋子顛倒穿一陣子，即可矯正內八的狀況，無須太過緊張。目前並無科學研究證實，將鞋子顛倒穿能夠有效矯正內八的步態，此一說法雖稱不上無稽之談，但根據臨床經驗顯示，這樣的做法往往會對肌肉骨骼發展造成不良的影響。

提醒孩子改掉外八的習慣即可

還有些家長認爲，孩子年紀小愛玩，走起路來難免喜歡裝模作樣，所以只要適時制止，提醒孩子注意儀態，外八的問題應該就能改善。其實，外八走起路來較消耗體力，正常的身體結構並不會選擇這種方式行走。由於外八的走路方式支撐面積較大，對平衡的挑戰性較小，所以孩子如果選擇這樣的行走方式，就應注意是否有平衡系統或肌張力失衡的問題。

科學育兒新觀念

盡早發現，並接受專業評估

內八或外八的步態多半由於**肌肉張力不足**、**平衡能力不佳**、**先天足底結構異常**與**動作經驗不足**所導致。家長應帶孩子尋求專業建議，接受肌肉骨骼系統與足底結構的評估，確實了解問題來源，並給予適當、適量的運動，早期介入才能改善孩子的體態。若孩子的步態爲內八或外八，就應選擇支撐性較好的鞋款，避免孩子的足底結構，甚至是下肢骨骼排列受到不良步態的影響。

一般來說，六歲以上的孩子步態已與成人相仿，如果家長忽略以上問題，一旦讓孩子養成不良的步態習慣，就需要花費更多努力與時間才可能改善，因此建議盡早發現，盡早

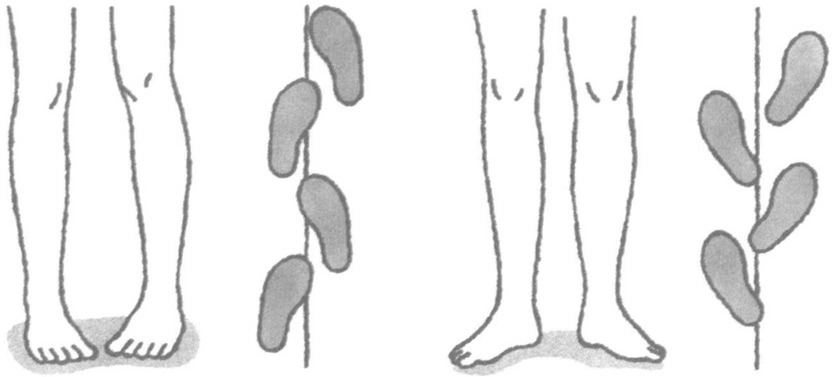

內八　內八步態　外八　外八步態

（資料來源：天才領袖兒童發展中心）

矯正。

多進行戶外活動，以增進肌耐力

如果經專家評估後建議穿戴矯正鞋墊，建議家長將幼兒園的室內鞋換成包鞋。因爲孩子大部分的時間都在教室中走動，這樣才能達到更有效的矯正。另外，經過適當的調整或穿上適當的輔具與鞋子後，家長也要多帶孩子進行戶外活動，盡可能提供一週二到三次，一次三十分鐘以上的戶外活動，以增進孩子的整體肌耐力。

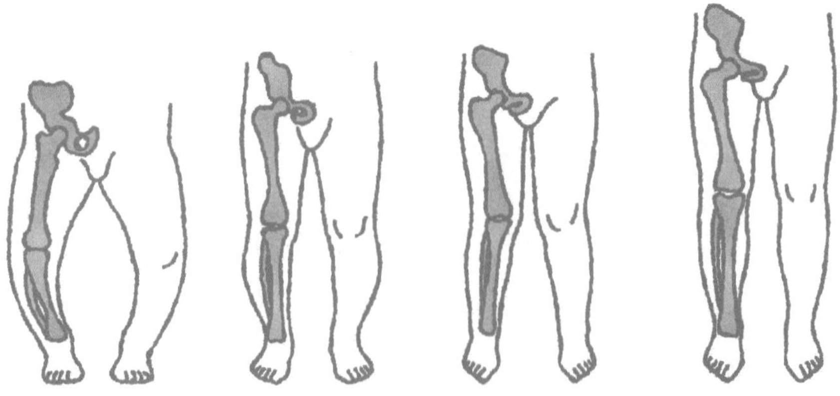

新生兒到一歲半 O型腿　一歲半到兩歲 正常　二到四歲 X型腿　四到六歲 正常

TOP 6 孩子走路容易累，不喜歡走路怎麼辦？

育兒大家說

孩子本來就不耐走，再加上跟大人出去很無聊，所以常要人抱是很正常的。更何況孩子待在百貨公司的玩具樓層，就能夠玩上三十分鐘，所以這樣的狀況應該不用太擔心吧！

育兒專家說

錯！孩子經常抱怨腳痠、不愛走路，可能是扁平足或高弓足的症狀。家長若無法自行判斷是否爲扁平足或高弓足，建議接受專業評估。不管是身體肌肉張力較低的扁平足狀況，或是高足弓導致小腿肌肉張力偏高的狀況，這兩種狀況導致的腳痠，對孩子來說是很不舒服的感覺。若因此而不喜歡戶外活動，減少各種運動或動作經驗，對於孩子的腦部發展與動作發展都會有所影響。

臨床實例

憂心忡忡的媽媽帶著四歲的君君來到中心，媽媽說君君跟大人去喜宴、百貨公司、美術館，甚至只是到大樓的中庭花園都要人家抱，起初以為是怕生，後來發現即使跟家人出遊，依然走不到五分鐘就腳痠喊累，賴在地上不肯走。家人只好輪流抱著她，完成剩下的路程。

我摸了摸君君的肚子，發現她的肌肉張力稍低。再看她的站姿與步態，確實有扁平足徵象。接著摸摸她的小腿，果然如預期的緊繃不已。我向君君的媽媽說明，君君是因為肌肉力氣較差，形成以繃緊肌肉進行力氣代償的步行模式，進而引起痠痛。只要幫她拉筋、按摩，加上適量的戶外活動，搭配合適的足部輔具，一定可以有效改善。

錯誤的育兒觀念

想抱就抱沒關係

「孩子不喜歡走就不要走，趁現在還抱得動，能抱就抱吧！這樣大人逛得順利，小孩也不哭不鬧。」

這種處理方式等於是讓孩子原本較差的肌耐力慢性退步，造成往後更多發展問題。

孩子只是不想走，而非不耐走

「孩子可以在公園裡跟其他小朋友玩上一個小時，只有平常踏青、爬山的時候不耐走，所以孩子其實是有能力，只是不想做而已。」家長應避免上述的觀念，必須仔細觀察孩子在公園跟其他小朋友玩耍時，是以什麼樣的姿勢或什麼樣的遊戲性質，而非用時間斷定一切。

科學育兒新觀念

因肌肉問題所導致

扁平足的孩子因身體肌肉張力較低，穩定性較差，無法在行走時給予下肢適當的幫忙與穩定。再加上足底肌肉無力，多使用小腿肌肉代替，所以走起路來小腿特別容易累。而高弓足的孩子則因爲足底肌肉較緊，小腿的肌肉因結構而被長期拉扯，多處於緊張狀態，因此肌耐力較差，走路特別容易累。

以引導的方式增進肌耐力

家長應給予孩子適當的輔具搭配合適的鞋子，並且多帶孩子從事戶外活動，透過遊戲以漸進的方式增加孩子的肌力與肌耐力。在適當的輔具與環境中（如公園），即使孩子抱怨腳痠，還是可以透過競賽或獎勵的方式引導，鼓勵孩子慢慢拉長行走的距離，以達到增進肌耐力的目的。

TOP 7 孩子看起來很像扁平足，應該盡快矯正嗎？

育兒大家說

我的孩子目前兩歲，學會放手走路已經快一年了，但他走起路來腳丫子跟地板都沒有縫隙，不知道是內八，還是扁平足？反正這種現象不能拖，不然等到四、五歲就沒辦法矯正，得趕快去買矯正鞋才行！

育兒專家說

錯！每個孩子的行走能力與發展速度不同，兩歲孩子的足部仍處於發育階段，所以三歲以前若有扁平足狀況，家長不必過於擔心，因爲足弓的發育期落在三至七歲間。學步初期由於孩子力氣稍弱，而且才剛開始適應直立行走的身體重量，難免會出現扁平足現象，家長僅須持續追蹤觀察即可。

臨床實例

一位媽媽帶著兩歲多的小女孩來評估，孩子在遊戲室走來走去好一陣子了，媽媽看著孩子對我說：「你看她走路不僅內八還歪七扭八，走一走還常常站著不動，站著的時候腳丫子也貼平地面，這樣算不算扁平足啊？一定是遺傳到她爸爸！她以後該不會得穿那種很厚很重的矯正鞋吧？女生耶，走路這麼難看，以後該怎麼辦啊？」

我發現許多家長跟這位媽媽一樣，對孩子骨骼肌肉發展有某種程度上的誤解，以致於給了孩子多餘的外力影響，造成孩子負面的動作經驗。

錯誤的育兒觀念

腳掌平貼地面就是扁平足

許多家長認爲孩子學會走路後，腳掌若仍平貼地面就是扁平足，也有家長認爲剛學會走路的孩子，維持站姿時膝蓋稍微內傾就是內八。其實綜合許多臨床經驗與幼兒研究發現，孩子在三歲前的膝蓋內八或腳掌平貼地面，多半與不成熟的動作經驗、肌肉力氣不足或協調性不平衡有關，建議家長尋求專業發展評估，進一步釐清眞正的原因。

扁平足即爲老一輩所說的「鴨母蹄」，一般民眾對扁平足的印象是跑起步來比較慢，男生以後可以不用當兵，其他就沒什麼大礙，跟平常人一樣可以走路、運動，甚至爬山健行。雖然上述的活動扁平足的人確實都可以做到，但問題在於動作品質與效率，扁平足的孩子走路與跑步效率較差，因此在進行上述活動時較容易累，嚴重的扁平足更會對下肢骨骼與脊椎排列造成非常不良的影響。正如俗諺所說：「樹頭若顧乎在，毋驚樹尾做颱風。」兩個腳掌就像身體的基石，必須奠定良好的基礎才有健康的體態。

科學育兒新觀念

尋求專業發展評估

在兒童步行技巧的發展過程中，下肢體線呈現鐘擺現象，初期屬O型腿，之後會逐漸轉變爲X型腿，一直到兩歲半歲時會達到巔峰，接著又逐漸改善，大約六歲時就會接近成熟的成人步態。

如果發現孩子站姿不良或走路異常時，應尋求專業發展評估，確認孩子的肌張力與大動作發展是否正常。千萬不要貿然到百貨公司買矯正鞋，因爲統一款式的矯正鞋或矯正鞋墊不一定適合每個孩子，一定要先諮詢專業治療師，再給予孩子適當的外力介入，以

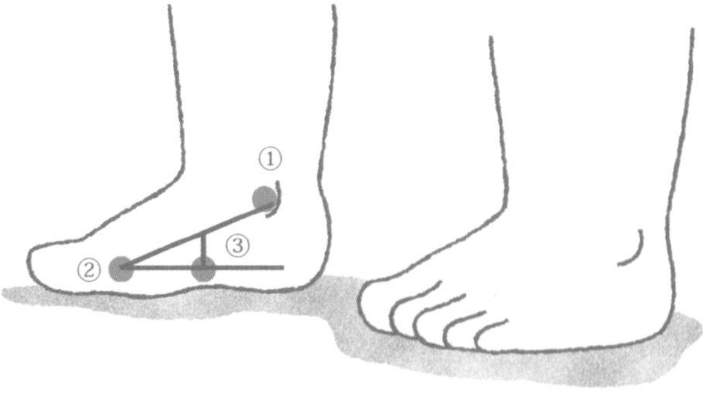

扁平足的判定標準

究竟什麼樣才叫做內縱足弓塌陷呢？我們可在孩子承重或未承重的情況下，用腳踝（如①）的最凸點與第一根腳掌掌骨頭（如②）的連線（這條線又稱為「費斯線」〔Feiss line〕），觀察舟狀骨（如③）的位置是否在連線上。倘若舟狀骨低於此連線則為扁平足，也就是內縱足弓有塌陷的現象。我們也可依此連線看舟狀骨低於連線的程度，而決定扁平足的嚴重程度，一般可分為輕度、中度、重度等三個等級。

（資料來源：天才領袖兒童發展中心）

免造成反效果。

孩子的足弓發展期間約爲三到七歲，所以三歲前只要追蹤觀察並尋求專業建議，給予孩子合適的誘發與調整即可，不須過度緊張。而扁平足矯正的黃金期爲三到七歲（部分孩童可稍晚至十歲），這個期間內是足弓迅速發展期，適當的誘發、運動訓練與矯正，都可以有效改善孩子的步態。

為孩子選擇合腳的鞋

孩子的鞋子應合腳並定期更換，千萬不要投機的認爲買大尺寸可以穿比較久，此舉往往會影響學齡前幼兒的骨骼肌肉發展。而三歲後，更要每三到六個月觀察孩子的鞋子磨損與合腳情形，避免足部問題的發生。

TOP 8 孩子的坐姿不良，是因為筋比較軟的關係嗎？

育兒大家說

妹妹總是駝背，雙腳以W型坐姿玩洋娃娃，在一旁安靜又乖巧，也不會跟哥哥搶玩具或吵架，反正孩子只要不會吵，怎麼玩都好。我問過街坊鄰居，大家都說小女生的筋比較軟，小時候都是這樣坐的，長大筋變硬就不會了。

育兒專家說

錯！不管是男生或女生，**W**型坐姿都是絕對要避免的。家長應善盡提醒的責任，甚至以身作則，教導孩子正確的坐姿，才不會讓發展中的孩子產生**內八及X型腿**的問題。

應避免W型坐姿，以免讓發展中的孩子產生內八及X型腿的問題。

臨床實例

四歲的妹妹跟媽媽來中心諮商，看到扮家家酒的玩具便開心的玩了起來，一下煮麵，一下切牛排給媽媽吃，母女倆玩得不亦樂乎。一旁的我看著孩子的坐姿，越看越擔心，問媽媽孩子平常都這樣坐嗎？媽媽回答：「是啊！女生經常穿裙子，這樣膝蓋內靠坐著很正常啊！我還覺得她很聰明呢！反正筋夠軟，這樣坐著玩上一個小時都沒問題呢！」

聽完這段話，我著實捏了一把冷汗。經過評估，孩子的肌肉張力較其他同年紀的孩子低，站立時X型腿與肚子前挺的現象顯而易見，再看看足部結構，也發現一些扁平足的臨床徵象。於是我指導了幾個增加軀幹力量的運動，提醒媽媽應給予孩子支撐性較好的鞋子，並時常提醒坐姿與站姿，減少駝背與肚子前挺的現象。

類似的情形層出不窮，許多家長只會抱怨孩子姿勢不良，卻沒有適時引導孩子採取合適的坐姿與站姿。

錯誤的育兒觀念

W型坐姿無傷大雅

許多家長認為小孩子筋骨軟，W型坐姿也無傷大雅，總比腳開開坐著好，甚至以為這樣的孩子未來適合學舞蹈，拉筋應該難不倒他。也有人家裡根本沒空間擺桌子，總是讓孩子在地墊上玩，反正讀書寫字是小學以後的事，到了幼兒園，老師自然會教孩子正確的坐姿，但其實這些都是錯誤的觀念，雖然W型坐姿讓孩子最穩定，但也最傷脊椎發展。

科學育兒新觀念

席地而坐應以盤坐為主

家長必須提供孩子一個健康的遊戲空間，並且隨時提醒孩子注意坐姿。席地而坐時建議採取盤坐姿勢，切記避免W型坐姿，這種坐姿對孩子的韌帶與骨骼發展都有不良影響。駝背坐著則會使脊椎兩側的肌肉用力不均，長期下來容易導致脊椎側彎。

如果發現孩子有駝背的現象，也可利用平躺抱膝的伸展運動，將脊椎與脊椎兩旁的肌肉延展開來。另外，面對鏡子靠牆站也是一個既簡單又有效的方法，可以讓孩子自己檢視站姿是否正確，並確實了解自己身體的位置。初期可以先從保持正確姿勢一分鐘開始，之後慢慢增加到三分鐘、五分鐘，依此類推至十分鐘即可。讓孩子透過遊戲或競賽的方式執行這項運動，以免孩子在短時間內即失去耐性。

須注意桌椅的高度與光源

此外，畫圖或寫字時盡量選擇有椅背的椅子，注意光源的給予，避免孩子因光源方向而使身體扭曲。然後調整桌椅的高度，盡量讓髖關節高於膝蓋，雙腳可平踩於地面。桌子的高度則以孩子不需聳肩，雙臂可自然擺放於桌面為準。

姿勢不良很容易養成習慣，因此姿勢矯正應及早介入，不要等到孩子已脊椎側彎才後悔莫及。

坐的時候要保持手肘、骨盆、膝蓋、腳踝等四個九十度。

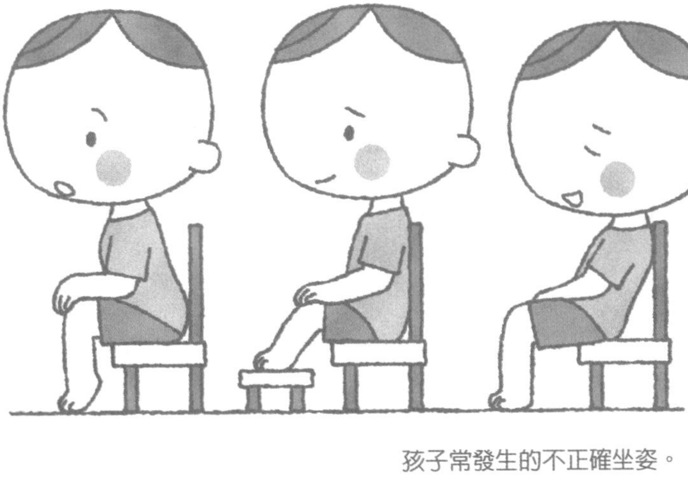

孩子常發生的不正確坐姿。

TOP 9 想幫孩子戒尿布，什麼時候開始訓練比較好？

育兒大家說

尿布好貴喔！想幫孩子戒尿布，讓他學習自己蹲馬桶，可是又聽說如廁訓練要等到孩子的身心都成熟後再訓練，孩子比較不會產生抗拒，這是真的嗎？

育兒專家說

對！在正確的時間訓練孩子自己上廁所，孩子可以學得又快又好。通常等到孩子兩歲以上就可以開始試試看，如果不成功，將訓練期延長也無妨。一般來說，夜尿跟拒絕如廁是父母最頭痛的問題，很多孩子都會有這樣的狀況，但也只是暫時的現象，並不一定代表父母的如廁訓練失敗。

臨床實例

好友是一間知名幼兒園的園長，他告訴我學校有些孩子到中班都還無法戒掉尿布，家長希望幼兒園能幫他們訓練，但又往往求好心切，在家會用強迫甚至處罰的方式，處理孩子無法及時上廁所的情況，讓老師們很難幫助這群日常生活功能都還在成熟中的孩子。我也遇過許多父母用錯了方法，反而讓孩子對上廁所變得非常恐懼，沒有安全感。

錯誤的育兒觀念

越早練習如廁越好

根據研究顯示，幼兒大約在十二到十八個月時，大腦高層控制排尿的神經迴路才會逐漸成熟，而如廁所需的能力（生理、發展與行爲）在二十二到三十個月左右才剛準備好。很多父母急於在一歲半就提前讓孩子戒尿布，這對嬰幼兒來說是很大的壓力，有時反而會讓孩子的情緒管理變差，日常生活功能變得更糟。

科學育兒新觀念

判斷孩子是否已經可以接受如廁訓練

父母應仔細觀察孩子的能力，判斷孩子是否準備好可以接受如廁訓練，建議從以下兩個層次進行觀察：

發展層次

①可以獨立行走到廁所
②可以穩定坐在馬桶上
③可以持續幾小時不尿濕褲子
④有穿脫褲子的動作
⑤可以理解並做出兩個步驟的指令（脫褲子然後坐在馬桶上）
⑥可以用語言表達上廁所的需求

行爲層次

①能模仿別人的動作
②了解物品歸位的概念（才能知道大小便應該到馬桶裡）
③表現出對如廁訓練有興趣
④喜歡被誇獎
⑤抵抗的負面行爲少

如廁的訓練技巧

如廁訓練的步驟，可根據哈佛醫學院小兒科榮譽臨床教授布雷茲爾頓醫師（T. Berry Brazelton, M.D.）提供的技巧操作：

①訓練表達去上廁所的語言，像是要「噓噓」「便便」
②買孩子專屬的便盆椅

③坐在便盆椅上看書或玩玩具

④提供連結（尿布濕↓脫褲子↓坐椅子）

⑤不斷的練習與鼓勵

⑥慢慢轉換穿學習褲或棉質內褲

父母要以正面與關懷的態度，鼓勵孩子練習如廁技巧。平常讓孩子穿容易脫的褲子，以免如廁時穿脫失敗。當孩子還在馬桶上時應避免沖水，以免嚇到孩子。男孩可以先坐著尿尿，等孩子可以成功大便時，再讓他學習站著尿尿。千萬不要過度提醒孩子去上廁所，這樣反而會讓孩子的膀胱肌肉緊張。

如果孩子訓練了一段時間都沒有成功，應該暫停二到三個月後再開始訓練，才能減輕孩子的壓力。等到白天的如廁訓練成功後，再進行午睡與晚上的訓練。如果過了四歲都還無法訓練成功，就請諮詢兒童發展專家。

幼兒如廁發展里程碑

幼兒年齡	發展里程
十五個月	孩子開始意識到自己大便或尿尿了
十八到二十四個月	孩子會注意到自己尿布髒了，也可以分辨是大便或尿尿

二十四個月	孩子會表達要大小便
三十到三十六個月	孩子會開始要求要到廁所大小便
四十八個月	如廁的模式已和成人差不多

（資料來源：天才領袖兒童發展中心）

TOP 10 孩子的動作較慢，總是跟不上團體行動怎麼辦？

育兒大家說

我家的孩子跑步常跌倒，拿東西也常掉東掉西，動作雖然稍嫌緩慢笨拙，但我想這應該只會影響到未來體育課的表現而已。比起頭腦簡單四肢發達的孩子，我還是希望他好好念書，動作慢一點也沒關係，能夠完成就好了。

育兒專家說

錯！許多研究發現，動作發展與認知能力有密切的關係。一旦發現孩子有動作不夠靈活的問題時，應該立即接受專業觀察評估。根據調查，孩子有「發展性協調障礙」的比率高達**百分之五到八**，實在不可輕忽，以免因動作發展問題影響認知、自信與人際，甚至可能衍生嚴重的行爲與焦慮問題。早期發現早期治療，家長與老師皆應對這樣的孩子採取積極鼓勵的教養態度。

臨床實例

五歲的從從跟著爸媽來到中心諮商，由於對環境還很陌生，所以一直躲在爸媽背後，雖然有小朋友想跟他一起玩，但他顯得特別害怕畏縮。後來他終於對拼裝車產生興趣，於是慢慢走向人群，沒想到短短的十公尺，竟踉踉蹌蹌的跌了三次。好不容易拿起拼裝車，卻怎樣都無法完成組裝，跟其他小朋友一起競賽。

爸爸在一旁忍不住開口說：「一點都不像個男生，笨手笨腳的。跑起步來那麼慢還摔倒，踢球跟丟接球遊戲沒有一樣會。」媽媽緊接著說：「這有什麼關係？我小時候體育也很差，後來還不是全校第一名畢業，有什麼好擔心的？是他們幼兒園老師太大驚小怪，才會叫我們帶他來評估。」

評估過後，發現從從確實符合各項發展性協調障礙的特徵，這樣的孩子需要家長與老師更多的耐心與愛心。由於孩子在動作計畫與執行的過程有困難，無法正確的執行動作順序或協調動作，因此給人不靈活或笨拙的印象。這些問題都會連帶影響孩子的學習與社會功能，包括未來的綁鞋帶、拿筷子，甚至簡單的操作書寫等動作都會受到影響，家長、老師甚至是社會都應該正視這個族群與其產生的問題。

錯誤的育兒觀念

四肢不發達沒關係，會念書比較重要

「孩子的動作品質不好沒關係，長大自然就會改善。」「孩子的運動細胞不好不是問題，會念書比較重要。」這些觀念普遍存在家長心中，但對於有這類狀況的孩子來說，首先必須處理的重點其實是「家長必須正視這個問題」。許多家長常用「頭腦簡單，四肢發達」的說法來自我安慰，這樣的說法並不成立，事實上運動細胞好的孩子，學習效率與反應反而比較好。

爲了避免動作協調障礙的孩子自信心退縮，替他們做好心理建設是相當重要的。上述例子裡的孩子雖然才五歲，但已逐漸產生退縮現象，家長應多加注意與關心。有些家長看到孩子運動能力或日常生活操作能力較差時，常會下意識或經常性的責備孩子，像是「眞笨！」「連這個都不會！」等語言更是經常被用在這些孩子身上。這樣的教養模式只會讓孩子更害怕、退縮，各項動作經驗更少，進而衍生出其他學習與語言障礙。

因為害羞，所以無法與同儕互動

發展性協調障礙的孩子之所以經常衍生心理與人際互動問題，是因爲在與同儕玩遊戲時，因動作表現或品質較差而常被嘲笑。久而久之，孩子會變得內向退縮，而家長卻又誤以爲孩子生性害羞，殊不知因爲動作協調缺失，已經讓孩子承受莫大的同儕壓力，急需適當的心理調適。

科學育兒新觀念

不可輕忽發展性協調障礙

大部分的家長經常忽略孩子的體能或動作表現，但其實面對發展性協調障礙的孩子，首要的處理方式就是正視問題、面對問題，給予正面的引導對這個族群的孩子非常重要。善意的回應、正面的鼓勵，往往是帶領這類孩子融入社會，改善人際關係的最佳方式。

發展性協調障礙的孩子往往不會只有協調性不佳的問題，在動作執行的過程中，力道、速度與平衡都會影響動作品質，也因此容易影響學習與生活自理等能力。根據研究顯示，發展性協調障礙合併學習障礙的比例高達百分之三十到五十，非特定性的語言與閱讀障礙，也經常發生在這個族群的孩子身上。

另外，這類型的孩子也常因遊戲表現較差，受到同儕嘲弄，而造成自卑心態。然而，自卑表現不會只發生在遊戲中，還可能因動作緩慢或笨拙，而被老師認爲學習態度不佳。這些狀況都會使孩子因此自我評

發展性協調障礙的孩子常因動作較差，而造成自卑心態。

價低落，進一步影響人際社交關係，甚至出現行爲問題，不可輕忽。

應盡早讓專業介入治療

發展性協調障礙的孩子應透過專業積極介入，協助孩子進行動作計畫與執行，透過完整的訓練計畫與引導，給予正確適量的動作經驗，才能改善動作協調的問題。透過專業評估與訓練能讓孩子學習實用性的動作技巧，配合動作經驗與適當的心理建設，幫助孩子克服日常生活與學業問題。再加上適當的鼓勵與合作型團體遊戲引導，將有助於孩子各項問題的改善，建立其自信心。

發展性協調障礙屬於必須長期介入的發展性疾病，家長與老師應該用耐心面對，並定期追蹤評估孩子的發展狀況，避免後續社會心理缺陷，養成孩子逃避問題的習慣。若能在學齡前早期發現，早期介入，那麼學齡期間可能會碰到的問題將可獲得有效改善。

PART 5

幼兒社交發展問題

TOP 1 孩子喜歡黏著媽媽，上學後會比較獨立嗎？

育兒大家說

孩子從小就是我一手帶大，現在已經三歲了，但每次出門都非常黏我，只要分開一下就會緊張到哭，我想趕快送到幼兒園，他應該就會變得比較懂事、獨立了吧！

育兒專家說

錯！如果孩子有過度的分離焦慮，應該從兩歲就開始在生活中給孩子減輕敏感的經驗，不一定要提早強迫孩子到大團體裡進行互動練習。幼兒從六到八個月開始，心理層面會逐漸發展出害怕與主要照顧者分離的感覺。這通常只是一段過渡時期，當孩子隨著年紀增長，在動作、語言與認知理解能力逐步增加時，分離焦慮也應該會逐步減弱。如果沒有減輕，孩子仍會產生過多分離焦慮，很可能會造成日後人際與學習問題。

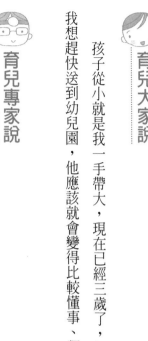

臨床實例

小美三歲了，在家總是像跟屁蟲一樣黏在媽媽身邊，早上起床如果沒有看到媽媽，一定會哇哇大哭，直到媽媽抱她才能停止。帶她到公園或遊樂場玩耍時，也要媽媽抱著她才肯玩，要不然就只躲在媽媽旁邊偷看其他孩子。每當家裡有人來訪，媽媽忙著招呼客人時，小美總是在一旁哭鬧，並堅持跟進跟出，不肯讓其他大人陪伴，讓媽媽煩惱不已。

如果媽媽斥責她，她只會更激動哭鬧，完全不肯改變。帶小美出門更是媽媽最痛苦的事，因為她一分一秒都不能離開小美的視線。於是媽媽來跟我討論，看是否要提早送小美上幼兒園，我評估後，給了小美的媽媽一些改善分離焦慮的建議，因為現在並不是送小美到幼兒園最好的時機。

錯誤的育兒觀念

個性內向，長大一點就會好

父母總認爲孩子怕生是因爲個性內向使然，大一點就會適應了，但不見得每個孩子都是因爲這個關係。一般分離焦慮最明顯的時期是在一到兩歲，接著會逐步下降，孩子會開始建立自信與獨立。如果過了這個階段，分離焦慮不減反增，甚至延續過長，就應請專家進一步評估，並提供策略改善，而非等待孩子自行克服。避免因分離焦慮逐漸影響學習、社交，甚至更多難以矯正的行爲問題，這對未來要進入幼兒園更是一大挑戰。

或許家長會認爲讓孩子去幼兒園哭一陣子就好了，這其實是非常錯誤的觀念。這樣的處理方式反而會讓孩子有更大的不安全感，長大後容易發生沒自信，語言發展、人際關係與情緒管理都不佳的狀況。

溺愛或用激動的言語刺激孩子

很多父母誤信當嬰幼兒時期的孩子哭泣時不要抱他，不然會養成愛哭的壞習慣。其實根據許多追蹤研究指出，當這群孩子長大後，情緒管理能力反而會比一般孩子差。

孩子發生分離焦慮時，父母往往束手無策，因此容易出現溺愛孩子的行爲，心態上也更離不開孩子，這樣對孩子的分離焦慮並無好處。甚至有父母因孩子焦慮而感到煩躁，在情緒激動時會對孩子說：「你再這樣媽媽就要走了喔！媽媽不愛你了喔！」這種語句只會讓孩子的分離焦慮更嚴重。

可透過捉迷藏等遊戲，告訴孩子「東西不見了還會回來」的觀念。

科學育兒新觀念

透過擁抱與撫摸建立安全感

孩子和照顧者的安全感與信任感建立，有一大部分來自嬰幼兒期的觸覺感受。從嬰兒期開始，照顧者就應常給予擁抱、撫摸與溫柔按摩，這是建立孩子安全感與不焦慮的重要方式。

建立「東西不見了還會回來」的概念

父母與孩子分離前一定要先告知，千萬不可以突然離開或不告而別。離開前記得跟孩子說：「爸爸／媽媽一定會回來！」約定好就要守信用，說要短暫分離就一定要盡快回來。取得孩子的信任後，再逐步演練分離的狀況，分離時間也可逐步增加。

根據兒童心理學的研究，分離焦慮是孩子「東西不見了還會回來」的概念仍未完全成熟，所以常跟四到六個月以上的孩子玩捉迷藏，可以快速刺激孩子這部分的心智發展。亦可透過親子共讀與分離主題有關的故事繪本，讓孩子看到最後快樂的團圓結局，並練習說出分離與又見面的感覺。

分離焦慮是大部分孩子發展中的必經過程，只要沒有過度影響社交能力，又發生在正確的發展時期，那麼父母只要耐心引導就可以改善，不必過度驚慌，以平常心看待即可。

TOP 2 孩子個性害羞，看到親友不敢打招呼怎麼辦？

育兒大家說

孩子已經快三歲了，看到鄰居叔叔、阿姨還是會躲在爸媽身後，叫他打招呼卻怎麼也不肯，眞不知道是故意的還是不受教。算了，既然我管不動，以後到學校交給老師教就好了。

育兒專家說

錯！家庭教育才是調整孩子退縮氣質最好的方式，有些孩子在六個月到兩歲半之間會有較明顯的怕生害羞期。因爲生活環境與先天氣質不同，每個孩子的怕生狀況與學習適應時間會有差異，父母必須因材施教，依孩子的個別氣質來支持陪伴孩子，不要以逼迫的方式造成孩子的壓力。

臨床實例

小豪從小就是個敏感的孩子，只願意讓爸媽哄抱，一旦換地方睡或改變喝奶時間就會哭鬧。由於小豪的媽媽不喜歡外出，大部分時間都跟孩子待在家，不常跟外人接觸，所以小豪每次看到客人來家裡，就會緊張的躲在媽媽背後，叫他打招呼就會鬧脾氣，讓爸媽感到十分困擾。

錯誤的育兒觀念

命令孩子打招呼

許多父母會用命令的語氣要求孩子打招呼，讓孩子從這個行爲感受到很大的壓力，特別是敏感與內向的孩子。有些孩子天生適應力強且外向，因此容易養成打招呼的習慣。

但有些孩子則因爲敏感、適應力較弱，再加上生活環境較爲單純，必須給予較正面的鼓勵與支持體諒，千萬不能用處罰的方式。面對這類型的孩子，不妨試著引導孩子觀察父母打招呼時對方的愉快回應，讓孩子認爲打招呼是一件快樂的事情。

還有些父母因爲個性急躁、好面子，對孩子缺乏耐心，當孩子害羞、怕生時往往過度嚴厲，甚至當著眾人的面威脅、責罵孩子。這樣的舉動反而會讓生性害羞的孩子缺乏自信心，在緊張與害怕的心情下，更不容易踏出第一步，如此惡性循環會讓孩子變得更膽小、退縮。

過度保護孩子

現代父母常常過度保護孩子，在他們嘗試新事物或交新朋友時，因過度緊張而告訴孩子這個危險、那個不好，這樣的阻止威脅只會讓孩子對事物過度防備，並使得害羞、敏感的孩子更容易恐懼，且不敢面對陌生事物。

科學育兒新觀念

父母以身作則

最好的解決之道就是父母自己以身作則，大方示範打招呼的方式給孩子看，讓孩子在耳濡目染之下，內化成自己的社交能力。還有，盡可能事先預告等一下可能要應對的人物與狀況，讓孩子有心理準備。建議從熟悉的人開始練習，像是管理員、鄰居、老師等。如果孩子的氣質比較內向敏感，父母可以幫忙跟其他親友說：「請給他一點時間適應，等一下他就會表現得很棒了！」如此一來，便可以減輕孩子的壓力。如果孩子沒有在第一時間打招呼，但在熟悉之後可以主動跟對方道別，那麼就要給予正向的鼓勵與讚美。

平日多模擬演練

平常在家可以多和孩子進行模擬演練，並練習說出意外的情形，像是「如果你跟別人打招呼，人家沒有理你怎麼辦？」「如果是一個老伯伯，而不是一個姊姊來跟你說話怎麼辦？」平常多創造孩子的表演機會，讓孩子在自己的長處上多發揮，加強自信心與自我肯定。父母也要注意不過度保護，讓孩子勇於嘗試新事物與新朋友，才能養成孩子勇敢大方的性格。

TOP 3 孩子有分離焦慮，應該讓他早點上學嗎？

育兒大家說

孩子兩歲多了，第一天上幼兒園就哭了一個早上，我想這應該是正常的，別人家的孩子也都在兩歲上幼兒園，我一定要堅持下去，不能心軟，這樣他才能早點學習獨立！

育兒專家說

錯！評估何時送孩子去上幼兒園，應該考慮的是孩子的心智發展程度。因爲幼兒園對孩子來說是個完全陌生的環境，待在那裡也是跟親人分離最久的時段，因此孩子很容易產生分離焦慮。這些孩子總會在媽媽離去時聲嘶力竭的哭泣，有時甚至連媽媽自己也會有與孩子分離所產生的焦慮，這是家長與孩子都必須克服的艱辛歷程。

建議三歲以下的孩子如果有太強烈的分離焦慮，就不要用強迫的方式上幼兒園，以免影響未來的學習動機。而三歲以上的孩子心智發展較成熟，如果平日與鄰居或訪客都可以有簡單的互動與口語交談，進食、如廁等生活需求也可以在大人稍加協助下自行完成的話，那麼就可以鼓勵進入幼兒園試讀。切記，前提是要讓孩子在快樂遊戲中學習。

臨床實例

小祥是個獨生子，而且很怕生，媽媽認為讓他去上幼兒園可以慢慢改善這個問題，但第一天去幼兒園上學的經驗卻嚇壞了媽媽。因為在媽媽準備離開時，小祥突然趴在地上大哭大鬧，媽媽看了也忍不住掉下眼淚，更捨不得離開。最後媽媽只能狠下心來，含著眼淚匆匆離開。

就這樣持續了一個星期，小祥天天都大哭大鬧，讓媽媽開始質疑自己是否太殘忍，是否應該暫停到幼兒園上學。但爸爸卻很堅持，希望小祥繼續上學，以免以後跟其他孩子的程度落差太大。

錯誤的育兒觀念

社交能力不需要培養

許多獨生子女的父母會因爲孩子在家沒有玩伴，又比較怕生，想藉由上幼兒園，讓孩子學習同儕生活。殊不知團體生活的適應是需要逐步建立與培養，才能具備社交適應力。建議在三歲前，父母應製造機會讓孩子離開家裡的單純環境，學著與其他孩子一起遊玩，建立社交能力。

分離焦慮很快能克服

對於有明顯分離焦慮的孩子，父母別過度期待孩子一到幼兒園，就能在短時間內習慣分離。建議可以在上幼兒園前，先讓孩子有小團體遊戲的經驗，並且試著讓孩子適應短暫與父母分離，學習跟親人說「再見」。等到基本能力都已建構完成後，再考慮讓孩子進入幼兒園的全天課程。

等上學後再讓老師教

學校生活難免會有許多規範，如果父母平常在家疏於建立規則，孩子剛入學時就會遭受衝擊與產生挫折感，並對老師心生恐懼。因此，家長最好於三歲前先建立家庭規範，讓孩子理解世界不是只有自我，而是會受到其他規範的。

科學育兒新觀念

不喜歡上學的原因

孩子一到幼兒園就哭，大致上有幾個原因：

①有分離焦慮症

②感受不到學校是個好玩、有趣的地方

③自理能力差而有挫折感

④與同儕相比，口語或社交能力較弱

⑤學習過程引不起興趣

提早為上學做準備

面對孩子的分離焦慮，最佳的學前安排步驟爲：

①與社區孩子簡單互動

②參加小團體遊戲或課程

③由母親陪伴，試讀幼兒園半天課程

④讓孩子獨立上幼兒園半天課程

⑤獨立上幼兒園全天課程

另外，也可以提早帶孩子熟悉幼兒園環境或試讀（一般大約七天），讓孩子預先熟悉未來要接觸的環境與老師。

幫助孩子穩定心情

家長可以考慮讓有分離焦慮的孩子帶喜歡的娃娃或物品上學，或是與兄弟姊妹、鄰居玩伴安排在同一所學校，幫助孩子穩定心情。還有，送孩子到幼兒園並約定好下課時間後，請盡早離去，讓老師設法與孩子建立情感，才能慢慢減少哭鬧時間。另外，下課接回的時間要固定，盡量別讓孩子是最後離開的學童，這樣容易讓孩子感到不安。

因材施教，給予讚美與鼓勵

對於需要較多關心的孩子，請多與老師溝通，盡可能詳細說明孩子的喜好與性格，讓老師能盡速掌握，因材施教，幫助孩子適應環境；而對於容易有挫折感的孩子，父母可以每天向老師詢問，了解孩子在學校的進步表現，只要有些微的進步都可以特別提出來鼓勵。回家後，可與孩子分享上課內容，討論學校發生的趣事。在家也要加強訓練孩子的生活自理能力，減少孩子的挫折感或被同儕取笑。至於社交能力較弱的孩子，父母可以幫助他交朋友，像是讓孩子帶東西到學校分享給其他小朋友等，孩子才會有更強的動機去上學。

TOP 4 孩子有社交恐懼，人多時容易緊張怎麼辦？

育兒大家說

孩子一直很怕生，也很容易哭鬧，上了幼兒園也無法跟同學玩在一起，就算同學想接近他，他也不願意加入。老師跟他說話時，他總是緊張得說不出話來。不過應該不用太擔心，等他長大應該就能跟別人有好的互動、好的相處吧！

育兒專家說

錯！幼兒時期在人群中較退縮的孩子可能有社交焦慮與恐懼，不但不會隨著年紀增長而改善，反而可能衍生更多行爲、人際關係，甚至學習專注力的問題。越早介入孩子的社交互動，協助孩子克服恐懼，提供有效的方法與社交技巧，才能讓孩子盡早進入團體生活。雖然社交能力與孩子氣質的確有關連，但還有部分因素來自後天養成教育。因此，家長平常就要跟這類孩子作互動練習或角色扮演。

臨床實例

小龍是個敏感、內向的孩子，小時候只要遇到陌生人就會躲起來哭泣，媽媽當時只覺得他年紀小，沒有放在心上。上幼兒園之後，小龍在班上就像是個隱形人，盡可能安靜乖巧的玩自己的玩具，當老師跟他說話或要他回答問題時，他總是非常緊張，說話聲音小得像螞蟻。上小學時情況不但沒有改善，甚至還被同學排擠、欺負，明顯影響他的學習意願與動機，老師與爸媽都不知道該怎麼處理。

錯誤的育兒觀念

強迫孩子融入團體

當孩子進入團體時，通常會先從旁觀察，此時父母不要嚴厲強迫孩子必須馬上融入，讓孩子在沒有準備好的情況下進入團體，反而會使孩子更加抗拒。父母可讓孩子先觀察一下，再引導、陪伴他們融入團體。

如果因爲孩子在幼兒園面臨社交恐懼，父母就貿然讓孩子轉班，這會讓原本適應環境較慢或較敏感的孩子更容易焦慮。熟悉的環境有利於孩子踏出社交的第一步，除非孩子遇到嚴重的同儕霸凌或老師嚴厲的指責，父母才需要考慮轉班或轉學。

父母的嚴厲指責

當孩子對社交產生退縮心態時，父母不可一味的指責，例如「你是啞巴嗎？不會叫人啊？」「你給我上台去跟其他同學分享！」這樣只會讓孩子的社交恐懼更爲嚴重。此外，過度文靜、內向的孩子會一再逃避社交場合與情境，甚至影響到國小、青少年時期的人際互動與行爲，家長應及早正視問題，並加以處理。

科學育兒新觀念

發掘孩子的長處與興趣

容易有社交恐懼、喜歡逃避的孩子通常較缺乏自信心，父母應該盡量發掘孩子的長處與興趣，如舞蹈、美勞等，讓孩子肯定自我，甚至擁有上台表演的機會，降低孩子的社交恐懼與焦慮問題。當孩子感到焦慮時，不妨提供孩子可以增加信心的幸運物，如手環、卡通手帕等，讓孩子藉此降低社交或上台的焦慮，並且感到安心。

邀請小朋友到家裡來玩

平常在家時，父母亦可模擬演練社交情境，讓孩子在輕鬆的家庭氣氛下，習慣社交場合，教導孩子在面臨實際社交場合時可以應用的技巧，例如：「爸爸現在當老師，我要聽聽看你講的精采故事喔！」另外，也可以邀請其他小朋友來家裡玩，讓孩子在熟悉的環境裡自然的與他人相處、分享玩具，使這樣的相處模式類化到其他場合。

TOP 5 孩子天生內向，不喜歡與其他小朋友互動怎麼辦？

育兒大家說

孩子從小就安靜、內向，對陌生人十分恐懼，原本想讓他到幼兒園練習團體生活，卻發現他不會主動跟其他孩子玩遊戲或聊天，在家也很安靜。不過我想這應該是先天的個性問題，等上小學之後就會慢慢好轉了吧！

育兒專家說

錯！不是所有孩子的社交能力都會隨著年齡成熟。孩子從出生開始就會用不同的方式與人互動，即使是五到六個月大的嬰兒，也會對大人的表情有回應；一到兩歲的孩子會以一些具體行動引起大人注意，或是觀察他人動作並試圖模仿；三歲的孩子已有意願加入團體遊戲，即使方法不很熟練，也會想和其他孩子一起玩；四到五歲的孩子會積極加入團體，雖然偶爾會有衝突，但已經比較有經驗與自信，可以與同儕一起遊戲。父母可以透過這些發展，觀察孩子是否有與其他孩子互動的動機，又或許只是缺乏社交技巧而已。

臨床實例

小佑從小就是個安靜孤僻的孩子，本來媽媽還覺得他很好帶，只要給他玩具就可以玩很久。但是到了幼兒園，老師反應小佑很被動，而且不喜歡和其他孩子一起遊戲，甚至有很多自己的玩法，所以其他孩子也不喜歡跟他玩。媽媽自責沒在他小時候多陪陪他，而且孩子的狀況越來越明顯，導致學習新事物有困難，脾氣也越來越固執。

我建議媽媽讓小佑及早進入團體進行遊戲訓練，就算一開始只是在旁觀察，都可以學習到社交能力。經過半年訓練後，小佑已經可以在老師的帶領下，開心的與其他孩子合作遊戲，也會主動與其他小朋友分享自己的東西，大家都非常喜歡他。

錯誤的育兒觀念

養育比教育重要

許多父母在孩子零到三歲時期，認爲重心應放在養育而非教育上，再加上工作忙碌，於是疏於陪伴與親子互動，這其實是錯誤的做法。如果你的孩子是獨生子，且氣質內向、害羞，那麼就不能等到孩子上幼兒園再學習社交能力，應盡早讓孩子有互動的機會環境。否則等孩子上幼兒園之後，將會面臨嚴重的分離焦慮，也會因爲缺乏安全感與經驗，無法快速融入團體。

嚴厲的指責與打罵

當孩子做錯事時，許多父母往往過於嚴厲，且十分情緒化，甚至還會威脅、打罵，這樣只會讓內向的孩子更害怕做錯事，而產生退縮行爲，更加不願意與他人互動，以避免做錯事情。父母應該針對孩子錯誤的社交行爲引導與分析，例如：「你爲什麼打同學？」而不是批評孩子的人格，例如：「你眞是個暴力的壞小孩！」

有些不喜歡與人互動的孩子其實是因爲本身能力落後與某些先天症狀，造成社交動機與互動技巧較弱等問題，如自閉症、發展遲緩兒童、情緒障礙兒童等，這些問題必須由兒童發展專家早期觀察介入，並評估治療。

科學育兒新觀念

拉近同儕之間的距離

建議家長不妨提供孩子與同儕相處的機會，並藉此觀察孩子的互動狀況，像是邀請同學來家裡

家長應提供孩子與同儕相處的機會，並觀察孩子的互動狀況。

等，或是鼓勵孩子從互動中表現正向行為，如輪流、合作、注意他人、分享、讚美他人與遵守規則等。

剛開始可以安排孩子與較活潑、熱心的孩子一起遊戲互動，也可以讓孩子參與動態體能活動、感覺統合遊戲等，讓孩子在身體律動的遊戲氣氛下，自然了解其他孩子並沒有侵略性，可以分享並結交好朋友。

還有，父母也可以幫助不會互動的孩子，透過分享的方式，拉近與同儕之間的距離，像是生日時幫孩子準備糖果、餅乾，並事先在家演練到校分享的情境。

幫助孩子培養自信

父母應盡早培養孩子的基本生活自理能力，讓孩子獨立、不退縮，也不會被同學嘲笑。同時，也要引導孩子發現自己的長處，讓孩子感到自信，並引導同學稱讚他。

此外，父母平常要多與老師溝通，了解孩子真正害怕的原因，不要強迫他一定要有刻板模式的互動，像是說「謝謝」「掰掰」、叫「叔叔」「伯伯」等，這樣反而不自然，且容易造成孩子的壓力。幼小的孩子在遊戲時應該會有情緒起伏，以及觀察他人表情或眼神的能力。

TOP 6 孩子總是一刻不得閒，這樣算是過動兒嗎？

育兒大家說

孩子總是一刻不得閒，每天爬上爬下不顧危險，爲了追他，讓我整個人都身心俱疲。不過我想男生本來就活潑好動，等上學以後應該就會比較乖了。

育兒專家說

錯！如果孩子是過動症，沒有在兒童時期妥善處理，未來將會造成孩子終身的學習問題。不過，有些孩子的確天生精力充沛、充滿好奇，家長也別輕易就替他們冠上過動兒的標籤，應該冷靜客觀的觀察孩子的日常行爲，是否因這些好動的行爲，而影響學習能力、專注反應與思考組織能力，或只是因父母過度關心溺愛，所造成的習慣任性。

臨床實例

小偉是父母與老師眼中的淘氣鬼，在家時總是閒不下來，就連吃飯、洗澡也要媽媽追著跑。媽媽原本以為上了幼兒園就會變得比較乖巧，沒想到老師反應小偉每天上課都不守秩序的走來走去，一直找附近同學講話，甚至作弄同學。上體育課一玩起來就興奮過頭，做事沒有頭緒，無法耐住性子排隊，也常不小心弄傷同學或自己。

錯誤的育兒觀念

男孩天生活潑好動

許多父母認爲男孩活潑好動很正常，女孩才應該文靜優雅，事實上並非完全如此。雖然孩子的確受到天生氣質影響，但也應同時觀察孩子的活動狀況，是否影響日常生活表現、學習效率與專注程度等，不應以單一行爲表現，就認定孩子有過動問題。

避免參加體能活動

面對活潑好動的孩子，父母常以爲只要多讓他們參加美術、音樂或圍棋等靜態活動就好，而不讓他們參加動態體能活動，以免孩子更加好動。這是個錯誤的觀念，靜態才藝固然可以學習專心、組織、思考等訓練，但在孩子完全無法靜下來或控制不住自己時，靜態活動只會造成孩子更多挫折。另一方面，動態活動也並非只會讓孩子更好動，反而可以達到**調節活動量**、**整合大腦連結**、**刺激大腦分泌**，管控專注力的神經傳導物質。

科學育兒新觀念

避免不當的家庭環境

不當的家庭環境會養出好動與過動兒，因此家長要避免以下事項：

①讓孩子長期久坐看電視
②觀看暴力卡通
③大量食用人工色素或甜食
④過度限制孩子的身體活動
⑤暴力語言或打罵教養
⑥過度保護或溺愛教養

提供足夠的活動空間與時間

過動兒的男女比例約五到六比一，所以父母從小就要特別注意男孩的過動與衝動行爲，是否已影響日常生活。由於過動的孩子大腦感覺統合發展有障礙，一般孩子的活動量無法滿足需求，所以父母必須提供孩子足夠活動空間與時間，以感覺統合遊戲或動態體能課程來整合孩子的活動量。

還有，過動的孩子常伴隨動作協調的問題，並非好動就代表動作表現佳。應多提供孩子進行粗大與精細動作控制的小活動，粗大動作如單腳跳格子、頭頂書本走直線、跳繩、投籃等，精細動作如運筆迷宮、數字連線等積木活動。

幼兒過動問題應及早處理

根據研究顯示，小時候的過動問題若不處理，爾後容易造成孩子學習與行爲上的偏差問題，如暴力行爲、青少年霸凌、藥品濫用等。但過動問題很容易被父母忽略，往往要等到上學之後才被老師發現孩子與同儕上的差異，因此臨床求診的比例很高，不容輕忽！

兒童職能治療師可以幫過動兒設計量身訂做的療育課程，絕非只有吃藥一途。輕至中度過動的孩子接受兒童復健的訓練成效通常很好；重度過動的孩子在以藥物、感覺統合、行爲引導的整合性治療後，也會有很好的效果。

除了正規復健科、心智科診斷與治療，家長也須努力在行爲教養上修正調整。知己知彼，不要被孩子的行爲過度激怒，不要太過嘮叨，當個冷靜的父母。將孩子的行爲一一記錄下來，訂定規範的方法與獎懲，並逐步執行與修正。

TOP 7 孩子喜歡打斷別人說話，若不改善會養成壞習慣嗎？

育兒大家說

孩子從小語言發展就特別快，也特別喜歡問問題與說話，但總是無法耐心等父母說完再發表自己的意見。我們一開始覺得孩子還小，所以總是順著他，可是長大後卻沒有改善，甚至進了幼兒園還被老師反應常打斷大人說話。請問現在如果不改，眞的會養成壞習慣嗎？

育兒專家說

對！這是因爲孩子在語言學習初期會模仿他人的口語及口氣，但無法分辨說話時機。總是打斷大人說話的孩子，通常衝動控制的能力比較差，也可能是不容易專注的徵兆，久而久之容易養成不好的習慣。

孩子的說話行爲除了本身能力與個性之外，大部分都是受到家庭教育與環境影響。由於孩子初期的語言學習對象，往往來自父母與兄弟姊妹等家人，因此在語言發展過程中，父母應注意是否提供孩子完整表達的空間、是否及時糾正孩子打斷大人說話的行爲，養成仔細聆聽別人說話的習慣等。若能做到這些細節，那麼打斷他人說話的壞習慣，是可以透過教養逐步調整與改善的。

臨床實例

小智是個活潑好動的孩子，很快就學會說話，從小家人都非常寵愛他。但小智總是很愛撒嬌，有著只說不做，凡事依賴的個性。當父母在與其他人說話時，小智常會打斷談話，並提出他的需求，如「我要吃餅乾」「我要玩手機」等，讓人覺得很沒有禮貌。在幼兒園也是這樣，當同學說話時，他總是意見很多，一直說不停，甚至會刻意打斷別人正在進行的遊戲，引起他人注意。

錯誤的育兒觀念

因為年紀小而放任

許多父母經常會沒耐性聽完孩子說話，總是對孩子說：「我知道了！你不用說了！」這其實也是打斷孩子說話的行爲。父母應以身作則，先學會「聽話」，理解孩子的意思，尊重孩子，讓孩子練習表達完整，孩子才會樂於與他人分享心事，不會悶了一肚子想說的話。

當孩子出現打斷他人說話或不應該說話時愛說話，大人應適時糾正，不要因爲孩子年紀小而放任，久而久之會養成壞習慣。因爲孩子大多仍以自我爲中心，不懂觀察他人正在進行的行爲，而且也比較沒有同理心，不懂打斷別人時他人心裡的感受，所以家長應適時的教育孩子。

科學育兒新觀念

家長要以身作則

父母平時應以身作則，教導孩子尊重他人的好品格，當孩子出現插話的行為時，也請直接告訴孩子：「不可以打斷別人說話！這樣其他小朋友會不喜歡你。」在學校則可與老師溝通，建立孩子靜靜聆聽與舉手講話的習慣，或是從遊戲中學習輪流、等待、分享等社交技巧。

提供說話的場合與時間

平日在家可以利用實際角色扮演或繪本故事，讓孩子體會自己也不喜歡說話時一直被干擾，並且詢問孩子：「所以別人說話時，可以隨便插嘴嗎？」讓孩子學習自己思考。對於愛說話的孩子，家長要提供表現的場合與時間，像是親子共讀時讓孩子先說、每天給孩子十分鐘分享學校發生的事等，並培養孩子自理能力與獨立態度，讓孩子嘗試自行處理問題，不要老是依賴大人或耍賴。若眞的遇到緊急狀況要表達，父

家長應透過角色扮演，讓孩子體會說話被干擾的感覺。

母也可以教導孩子說：「對不起！我眞的……」讓大人理解孩子的迫切。

注意是否有其他症狀

此外，像是注意力缺損過動、亞斯伯格症候群的孩子，也容易打斷別人說話。注意缺損過動的孩子因衝動性高，總是顯得很急躁，且無法等待，因此容易打斷別人談話；而亞斯伯格症候群的孩子，則是因爲缺乏觀察力，很容易想到什麼就說什麼。以上兩種類型的孩子，都應進一步透過專業訓練，來矯正行爲問題。

TOP 8 孩子喜歡自己玩，不喜歡跟其他小朋友玩怎麼辦？

育兒大家說

孩子可以自己一個人很專注的玩玩具，但遊戲過程中如果有其他小朋友加入，他並不會特別理會其他小朋友，仍舊自顧自的玩，甚至乾脆走開，放棄目前的遊戲。我想他應該只是特別內向而已吧！

育兒專家說

錯！這可能是因爲缺乏**分享式注意力**，以致於影響社交行爲。幼兒初期會對外界環境充滿好奇與探索主動性；一到兩歲的孩子則喜歡試著模仿他人的表情、動作與行爲；三歲以後的孩子開始喜歡與同儕一起遊戲，因爲他們覺得大家一起玩比自己一個人好玩多了。因此，如果孩子在嬰幼兒期過於安靜、無法模仿大人簡單的表情與動作、沒有跟其他孩子玩的動機與注意力，那麼請盡早讓專家進一步評估與治療，因爲這些狀況最常見於幼兒時期自閉症的孩子。

臨床實例

小樂從小就特別安靜，喜歡自己玩。他的爸爸是律師，看到他不需要大人指導就可以自己專注的組裝玩具與車子，便認為孩子的智力一定過於常人，是個資優生。但隨著年紀增長，小樂在生活上固執的行為與怪異的習慣越來越明顯，像是挑食、不刷牙、不敢坐馬桶小便等，也不肯與他人分享。雖然爸爸買了新玩具，一邊玩一邊教小樂怎麼操作玩具，但小樂卻無法專心看著爸爸，仍舊自顧自的玩起車子。就算把玩具放在他手上，他也不知道該怎麼玩，一會兒就面無表情的離開了。爸媽這時才驚覺孩子可能有狀況，懷疑小樂是否有幼兒時期的自閉症。

錯誤的育兒觀念

因為內向才無法與別人互動

如果孩子在幼兒園時期沒有與同儕互動或分享遊戲的動機，不要認爲孩子只是單純的內向而已。因爲即使是表達能力不好的幼兒，仍可以透過**姿勢**或**臉部表情**對人表示親近。

其實，內向的孩子也會觀察他人的互動，展現出共同注意力與想進入團體的意願，所以父母必須仔細觀察，當孩子經常過度專注於某些事物而忽略他人存在，或是無法與其他孩子共同遊戲（如大家一起踢一顆球），就要特別留意。因爲這種狀況並不會隨年齡成熟而有所改善。

此外，分享的概念絕不能等到孩子長大後才教，從小可以將喜愛的東西分享出去的孩子，未來的心智成熟與社交能力都會比較好。

科學育兒新觀念

共同注意力是重要關鍵

共同注意力是孩子模仿學習事物的重要關鍵，當孩子能專注於你手中的玩具或遊戲時，才可能揣摩其他人的想法，這是學習分享的第一步。還有，共同注意力也是語言理解表達的重要因素，語言是人與人互動的工具，語言學習過程須先經過「注意聽到他人語彙，配合看到的情境來連結意義」，再透過「看著對方口型動作來模仿說出口語聲音」，這些都需要共同注意力才能達成。

另外，共同注意力也是學習社會互動的開始，孩子能觀察他人的行為與語言，嘗試了解其含意，以自己可以表達的方式進入團體互動，才可能會有分享行為。

由於共同注意力是自閉症孩子最常出現的核心問題，因此遇到這樣的狀況，應盡快求助兒童職能治療師，讓他們協助自閉症兒童發展**等待**、**輪流**、**分享**等社會功能。

讓孩子知道分享的好處

切記，千萬不可用強迫的方式讓孩子學習分享，要充分讓孩子知道分享的好處，像是「這樣做別人也會分享給你」「大家都好喜歡你」「你讓媽媽好開心」等說法，才是正確的引導方式。此外，根據最新的研究發現，三歲以前的孩子應該要能發展出透過別人的角度觀看，並注意到對方正在關注什麼的能力，因此父母在家可以透過**親子共讀**來練習這個能力。

TOP 9 孩子喜歡跟大人唱反調，應該順著他的意嗎？

育兒大家說

孩子從小就愛頂嘴，喜歡跟大人唱反調，甚至捉弄大人，而且越大越嚴重。我應該盡量順著他的意，才不會讓他越來越叛逆吧！

育兒專家說

錯！首先要**分析**孩子唱反調的原因，才能對症下藥。多數父母認爲孩子還小，通常會以順從孩子來表現父母的愛。但正因爲孩子年紀小，不懂是非黑白，大人更應該建立簡單的原則來規範孩子，並建立對錯觀念。由於一到兩歲的孩子已經開始懂得簡單語言，建議此時就要建立家庭規則，讓孩子了解頂嘴是不好的行爲。

臨床實例

大寶從小就是個備受長輩寵愛的孩子，只要大聲哭鬧，阿公就會順著他，認為孩子還小不懂事，只要不哭鬧就好。但是自從二寶出生後，大寶不但喜歡捉弄弟弟，對阿公、阿嬤說話也越來越不禮貌，而且還很喜歡挑釁大人，經常故意唱反調。媽媽總是低聲下氣的哄他，而爸爸則覺得不打不成器，只要聽到他唱反調或不禮貌，就會直接體罰。長久下來，大寶的行為非但沒有改善，反而更變本加厲。

錯誤的育兒觀念

孩子年紀小不懂事

許多家長認爲孩子年紀小不懂事，不須有所要求，所以在三歲以前凡事都順著孩子。等到三歲後家長想開始建立原則時，孩子的自主權已大致發展成熟，此時的管教只會讓孩子認爲父母突然變得不愛他，認爲「爲什麼以前都可以，現在卻不可以」，於是變得更加叛逆，更喜歡唱反調。所以，從小就應該建立一致的教養原則與態度。

用情緒化或威脅的語言來恐嚇孩子

當孩子挑釁反叛時，父母常會大動肝火說出情緒化的語言，像是「你是個壞小孩！」，但是卻沒有就事論事的對錯誤行爲或語言加以說明，孩子因此更加認定父母不愛他，並且覺得自己在父母眼裡就是個壞孩子，而造成更多誤解。

還有，父母經常因爲孩子的挑釁行爲而說出重話，可是卻沒有眞正執行，像是「我要叫警察來！」「我要把你丟掉！」等，孩子很快就會發現父母的警告與處罰都只是說說而已，根本達不到處罰效果。所以，家長千萬別把做不到的威脅語言掛在嘴巴，免得損失威信。

科學育兒新觀念

與孩子一起建立家庭規則

因此，從小就要建立家庭規則，父母雙方的原則要一致，沒有模糊地帶，讓孩子清楚明瞭。而當孩子犯下嚴重錯誤時，父母的態度要嚴肅，並再次重複孩子的不當言語，處罰前記得跟孩子說：「我是因爲你……才處罰你的。」不能只是動怒打罵。

另外，處罰方案要確實可行且徹底執行，不要流於情緒語言或僅爲空頭支票。要賞罰並重，孩子如果有一段時間沒有唱反調，也應該加以鼓勵，不要吝嗇說出鼓勵孩子的話。等孩子年紀大一點，就可以與孩子共同建立家庭規則，讓孩子參與並遵守自己訂定且同意的規則，這樣當孩

家長應建立家庭規則，讓孩子了解頂嘴是不好的行為。

子唱反調時，父母就可以說：「你自己訂過規定，不能這樣說話喔！」

多關心孩子的心理狀況

根據許多幼兒相關研究發現，如果孩子唱反調是爲了吸引大人注意，那就不要在第一時間直接回應，這樣才能有效減少負面話語出現的頻率。父母平常應多觀察、多關心孩子的心理狀況，了解孩子反叛挑釁是否爲了尋求大人關心。適時說出父母心裡的愛與關心，也給孩子機會說出心裡的話。當孩子沒有負面情緒時，請孩子回想是什麼言語或行爲讓他被處罰，也有助於釐清問題。

此外，父母平日在家說話就要互相尊重，當孩子的好榜樣，這樣孩子才能學習到正確的對人處事態度。平時大事可由大人適當協助，但小事就要讓孩子自己學會負責，幫助孩子養成正確的態度與獨立人格。

TOP 10 為什麼老二出生後，老大的行為也跟著退化了呢？

育兒大家說

隨著老二的出生，老大變得更愛哭、更愛撒嬌，還會學弟弟吃手指或奶嘴，原本已經可以坐在馬桶上尿尿，但現在卻又開始尿在褲子上。這些所謂的退化行為都是很正常的，大人不用管，等長大自然會好轉。

育兒專家說

錯！手足互動是孩子除了與父母相處之外，另一個需要學習的社交行為。當孩子出現所謂的退化行為時，正代表他感受到手足的威脅，而發出求救信號。如果大人沒有適時給予協助教導，孩子不僅錯失學習正確人際互動技巧的機會，也會因退化行為影響家中氣氛與手足感情。

臨床實例

我在上課時感受到小華這陣子的情緒起伏較大，很容易因為小事而哭泣，也拒絕嘗試新遊戲。媽媽說小華在家也變得跟以前不一樣，動不動就要媽媽抱，就連吃飯也要媽媽餵，遇到不如意的事情還會大哭大鬧。尤其是媽媽與弟弟從月子中心回到家後，小華的問題行為變得更明顯，學校老師也反應他在學校不但變得愛哭，甚至還會推其他同學。

爸爸認為小華只是心情不好鬧脾氣，用講的就會懂事變乖。媽媽忙著照顧弟弟，還得制止小華的退化行為，根本分身乏術，整個家庭氣氛變得很糟。兩、三個月後，媽媽告訴我，小華會對弟弟吐口水，甚至打弟弟，父母軟硬兼施還是無法改變小華對弟弟的行為，問我該怎麼辦？於是我跟媽媽討論了幾個方法，也請爸爸一起執行，果然小華逐漸減少打人與吐口水的行為，偶爾還能當小幫手，幫媽媽拿弟弟的尿布與奶嘴呢！

錯誤的育兒觀念

忽視老大的情緒，並嚴加管教

許多家長覺得老大因爲弟妹出生而產生退化行爲，就該嚴加管教，不然之後會管不動兩個孩子，其實這是很嚴重的錯誤觀念。家中多了新成員，對所有人都是一項改變，大人能夠很快調整步調與心態迎接小嬰兒，但卻忽略老大還是「孩子」，他是否準備好面對他人瓜分父母的愛與時間？等到老大發現自己從天之驕子變成得不到父母關愛的孩子，就會開始模仿老二，用退化行爲吸引父母關心與注意，卻沒想到得到的竟是責怪與處罰。父母責怪老大不成熟，老大則認爲父母偏心不愛自己了，於是不斷重複著惡性循環。

忽視老大的情緒並非好方法，因爲老大會將這些負向行爲內化成自己與同儕的互動方式，進而影響在校的人際互動。手足相處就像人與人之間的互動，不是天生就會的，除了練習之外，也可以透過家長適當的引導，改善兩人的相處狀況。如果老大對老二充滿著憤怒與忌妒，大人又忽略這些負面情緒，並且未進一步疏導，孩子自然會轉化成其他發洩行爲，像是攻擊老二等。

科學育兒新觀念

家長必須正視問題

首先，要請家長永遠保持「包容」的態度，來面對老大所表現出的「退化行爲」，因爲他畢竟還只是個孩子。在老二出生前，請幫助老大做好迎接手足的準備，從媽媽懷老二起，就開始「預告」老大即將有弟弟或妹妹。最重

家中多了新成員，大人能夠很快調適，卻往往忽略了老大的感受，造成老大行為退化。

要的是，父母必須正視這些問題，並且心平氣和、不厭其煩的告訴他：「爸爸、媽媽很愛你，但是不喜歡這些行爲，這會讓我們覺得困擾。」同時還要讓他知道父母希望他做的是哪些正向行爲。

陪孩子度過過渡期

每天保留一些與老大獨處的時間，讓老大充分享受父母的愛，像是媽媽幫老大洗澡、睡覺前爸爸唸繪本給老大聽等。父母在照顧老二時，則可以請老大擔任小幫手，像是幫忙丟尿布、唱歌給老二聽等。當老大完成任務時，父母也別忘了給他大大的讚美與鼓勵，讓他體驗參與的樂趣與成就感。至於當老大抱怨父母時，不妨向他強調某些只有他才有的獨特權利，像是只帶他出去買東西、載他去上課、給他專有的玩具等。

PART 6

幼兒性別教養問題

TOP 1 老人家都說男生比較晚才會講話，是真的嗎？

育兒大家說

我家的弟弟和對面的妹妹一樣都是兩歲，但是妹妹已經會說很多東西的名稱了，我家弟弟卻只會說「媽媽」「奶奶」「爸爸」。老人家都說男生比較晚才會講話，是眞的嗎？

育兒專家說

對！學齡前的男孩在語言發展上的確是比女孩稍微慢一些，但是到了小學之後，男生就會漸漸趕上。

如果你跟一個三歲的男孩說話，他大概只能回答二到三個詞組成的句子，而同年齡的女孩卻可以回答三到五個詞組成的句子。

臨床實例

媽媽帶著小新前來諮詢，因為她懷疑兩歲的小新有語言發展較慢的狀況。在與小新互動的過程中，我發現他除了口語表達仍以疊字為主且詞彙較少外，動作發展、人際互動皆正常，也能理解複雜的指令，於是我問媽媽為何懷疑小新的語言發展有落後情形？媽媽表示，小新的堂妹比他晚幾天出生，卻可以說很多詞彙，相較之下，小新真的落後很多！顯然，小新的媽媽並不清楚男孩與女孩在語言發展上的差異，才會如此焦慮小新語言落後的情況。

錯誤的育兒觀念

孩子比較笨，所以才晚說話

許多人因爲不了解男女不只先天大腦結構不同，就連後天發展順序與速度也不同，如果用同一個標準來看待同年齡的男孩與女孩，其實是不正確也不公平的。像我就曾經看過家長發現兒子比姊姊同年齡時說話較慢，而常常在不經意中說出負面的言語，例如：「他一定比姊姊笨，不然爲什麼姊姊兩歲會說的話，他到現在還不會說！」這樣的態度不但會傷害到兒子的自尊，也會影響他的學習動機。

忽略語言障礙問題

雖然男孩在語言發展較女孩慢，但其語言發展仍會依循一定的發展里程碑進行，家長不要誤會，而認爲所有男孩的語言發展落後都只是暫時的，應該要隨著年齡增長自動趕上。因爲孩子也有可能出現**語言障礙**的徵兆，像是兩歲還完全不會講話（連一個有意義的詞彙也不會說，如「媽媽」）、三歲時說話仍省略了許多子音（如「媽」變成「阿」、「波」說成「柯」）、五歲時說話有許多替代音（如「草莓」說成「討莓」）等。

如果男孩比較晚開口表達，也應該觀察孩子的理解能力與社交互動是否也有問題。許多男孩的早期發展，除了表達、理解偏弱外，還有社交互動較差的問題，此時應尋求專業的幫忙。

科學育兒新觀念

不同性別腦部的差異會影響情緒表達

語言處理的功能區爲大腦額下回布洛卡區（Broca's area）與顳葉韋尼克氏區（Wernicke's area），經研究證實，女孩大腦的語言中樞比男孩早成熟。因此，女孩在處理語言表達時，能夠左右大腦相互溝通，這樣的能力有助於將情感完整的表達出來；而男孩則偏向單側腦強勢處理語言表達，所以在面對情緒事件時，因爲性別腦的先天差異，經常言不及義。

從嬰兒期開始聽不同的聲音

孩子在學習說話前，會先發展某些基礎能力，包含對聲音的辨別與模仿動作，所以在嬰兒期可多讓孩子聆聽不同的聲音，如自然界的聲音、音樂、日常用品發出的聲音等，邊聽邊告訴孩子這是什麼物品發出的聲音、從哪裡發出來的。四個月後的嬰兒則會開始玩聲音，建議家長可以模仿孩子發出的聲音，來誘發孩子繼續玩聲音，或是故意用誇張的嘴型讓孩子模仿。

在自然的情境下，循序漸進

在語言發展的最初階段，理解比表達重要，而理解能力可分爲幾個階段：單詞、雙詞、句子的理解。教導時不要像上課一樣制式，要在自然的情境下進行。教導詞的理解時，可配合實際物品或動作來幫助孩子理解，而詞彙的選擇，也要從日常生活周遭開始。至於在理解新的詞彙時，一個句子裡不要超過一個新詞彙，而且講到新詞彙時可以加重語氣。

還有，在教導孩子表達時，必須依照其能力在適當的情境下給予適當的要求。當孩子的句子表達不完整時，應給予正確的示範，例如孩子把蘋果說成「果果」，家長就直接示範說「蘋果」。父母應避免嘲笑或跟孩子說「你說錯了」，以免傷害孩子的自信心，而降低孩子嘗試表達的動機與意願。

此外，因爲男孩的語言表達能力通常較女孩弱，所以從小可引導男孩多做一些發聲朗讀訓練，有助於提升男孩日後的表達與書寫能力。

TOP 2 男女大不同，需要用不同的方式來教養嗎？

育兒大家說

有人說：「養小孩何必分男女，用一樣的方式就可以了。」可是男孩與女孩的先天差異好像眞的很大，從現代教養的觀點來看，養男育女眞的要用不同方式嗎？

育兒專家說

對！根據許多研究顯示，性別差異先天就存在，使得大腦在生物基礎上就不相同，所以後天的環境、教育與文化，必須以不同的模式介入。對男女性別差異的了解，除了可以影響教養態度，還能夠促進人類的演化。

臨床實例

治療室來了一對姊弟，弟弟一進門就東摸西看，一刻也靜不下來，而姊姊在觀察完環境之後，便走到書櫃旁，拿起一本書坐在地上看。媽媽說：「姊姊從小就很乖、很好帶，平常喜歡靜靜看書或畫圖，但弟弟就跟姊姊差很多，每天在家到處跑來跑去，陪他看書也是坐沒幾分鐘就跑掉，這樣算不算有過動傾向？」爸爸則在一旁說：「男生跟女生本來就不一樣嘛！怎麼能夠要求每個小孩都像姊姊一樣文靜？我還擔心姊姊不愛動才是有問題呢！」由此不難看出這對父母對於教養兒女既盡心又徬徨。

經過幾堂課的實際教學與教養討論後，他們終於可以理解男女大不同，也慢慢開始學習接受男孩與女孩本質的差異。後來媽媽告訴我，自從上課後，她開始改變對兒女的教養態度，現在家裡的氣氛變得和諧多了，弟弟不再覺得媽媽偏心，親子感情也變得更親密呢！

錯誤的育兒觀念

男孩好動，女孩文靜

過去大家對教養孩子的認知，總停留在行爲層面，普遍認爲男孩好動粗魯、空間概念比較強，女孩較文靜乖巧、語言能力好，可是這些都被科學證實跟環境的教養有很大的關係。儘管大家都知道男女先天上有差異，卻依舊有許多父母使用同樣的行爲標準來要求男孩與女孩，這樣的準則看似公平，但是卻容易在教育上產生越來越多的偏見。

誤信傳言，影響教養態度

在學習議題與兒童發展上，男女表現並不一定會有顯著差異，可是卻經常被以訛傳訛，連帶的影響父母的教養態度。例如「男孩先天的科學與數學能力比女孩強」，其實這並沒有先天基因的證據，後天的教育才是促進男孩科學與數學強的主要因素。其他像是「女孩天生比男孩愛哭」，我評估過的數萬個孩子中，有情緒問題的並非以女生占多數。還有，「女生喜歡團隊行動，男生較愛個人競爭」，實際上都會受教養的方式與環境所影響。

科學育兒新觀念

男女教養大不同

一般來說，男孩的情緒發展、社交技巧、情緒同理心發展得比女孩晚，但還是可以透過經驗學習，讓學齡前的小男孩成熟懂事，家長需要耐心引導男孩覺察自己情緒、表達情緒，以及提升男孩的語言溝通能力。而女孩對社交與情緒感染則較爲敏感，在團體中較容易注重表現，感受到緊張的壓力。因此，家長應給予女孩更多支持，並鼓勵女孩利用先天優勢的語言能力，將壓力說出來。

根據研究指出，男孩會先發展粗大動作、女孩則會先發展精細動作。因此，家長應提供男孩精細活動的機會，來增加專注力，如串珠、繪畫、用剪刀剪紙等。由於男孩傾向以慣用的強勢大腦半球處理外界資訊，所以父母應多陪同男孩看繪本、說故事、聽音樂、觀察大自然與藝術操作，來訓練男孩左右大腦訊息交換處理能力。至於女孩，家長則應多陪同她們進行大動作活動，來增加自信心，如丟接球、攀爬、跳躍、騎車等。

另外，由於女孩的聽覺發展較男孩敏銳，所以大人在與女孩說話時，應保持適當音量即可；而與男孩說話時，則須稍微提高音量或增加手勢。

男孩需要較大的活動量

睪固酮會使男孩好動、愛打架，因此家中若有男孩，必須特別明訂生活規範或家規，同時要公平的執行規範，並教育男孩控制自己的行爲，其中衝動抑制能力，必須在小學四年級前教好才行。一般來說，四歲男孩的睪固酮分泌會達到高峰，到了五歲半後濃度才會恢復正常，此時的男孩需要更大量的動態活動，故不適合長時間靜坐在教室內上課，應給予較多的操作機會與肢體律動。

男女腦功能的差異

能力	男性	女性
空間能力	圖像呈現	文字描述
語文能力	學齡後的男孩，語文能力才會逐漸追上女生	幼兒時期較早學會說話

人際互動	男嬰偏好看會移動的物體與會變化的人臉	女嬰偏好看會變化的人臉
聽覺	聽指令時較不能一心二用	對聲音敏感（可以聽出勉強的語氣）
視覺	處理位置、方向與速度的能力較好	處理顏色與質地的能力較好
痛覺	較為遲鈍	反應快且正確，較能忍受痛的感覺
情緒	右腦處理情緒，但表達卻在左腦	雙側腦處理情緒，且分工複雜
記憶	訊息要合理、具一致性，特別意義的有利記住	無相關、隨機提取，記憶較男生無規則

TOP 3 女孩天生文靜乖巧，不必像男孩一樣跑跑跳跳？

育兒大家說

孩子從小就很乖、很好帶，平常都會自己看書、畫畫，不需要大人陪。女孩就應該這樣文靜乖巧，不要像男孩一樣玩跑跑跳跳的遊戲。

育兒專家說

錯！無論是女孩或男孩，在學齡前的身體活動對健康發展都相當重要。如果家長不適時引導女孩進行大動作活動，除了將導致女孩缺乏動作技巧與動作協調外，更會影響學齡後認知學習與體育發展的表現。因爲缺乏各種感覺刺激的整合，也容易衍生**感覺統合失調**、**注意力不集中**、**情緒管理不佳**與**人際關係受挫**等情形。

臨床實例

小語去念幼兒園中班，不到半年就被媽媽帶來找我，原因是老師說她上課容易恍神、注意力無法集中，總是需要老師提醒很多次才能配合活動。而且在體能活動時，小語更是缺乏參與動機，動作比起同齡的孩子較不協調、做體操或跳舞也跟不上大家。媽媽說小語一直都是個文靜的孩子，從小就愛看書、聽音樂、畫畫，對於盪鞦韆、溜滑梯等動態活動沒有興趣，不吵不鬧的乖寶寶氣質讓保姆非常喜歡她，父母也就順著小語，讓她做喜歡的活動。

評估過程中，我發現小語的肌肉張力較低、姿勢維持與保護反應較不成熟，還有警醒度不佳，使得小語的注意力無法集中。經過解釋之後，媽媽才恍然大悟，原來女孩太安靜不一定是好事！好在媽媽決心積極配合感統訓練課程，讓小語平時能有大量的運動機會。上大班後，老師對小語的評語改變了，除了上課的注意力進步許多，也願意嘗試原本排斥的體能活動，動作協調性更好，認知學習也更專心。某次放學時，小語甚至還跟媽媽說，她很期待每天都能去跟小朋友玩跳房子遊戲呢！

錯誤的育兒觀念

女孩不需要體能活動

兒童的動作發展必須透過大量的實際演練與反覆練習，才能修正錯誤並讓動作更加成熟，而零到六歲的孩子在粗大動作發展上並沒有性別差異，因此不管任何年紀的男孩或女孩，同樣都需要有足夠的大動作活動經驗，才能發展各年齡層所需的動作技巧，作爲往後高階動作技能發展的基礎。倘若父母未察覺到孩子的活動量不足，也未掌握兒童發展的黃金期來提供足夠動作機會，大腦負責動作控制的神經元就無法形成強而有力的連結。如此一來，不僅會使孩子喪失發展潛能，日後學習難度較高的運動技巧時更會產生挫折感，嚴重時還會使孩子缺乏學習動機，影響與同儕的社交互動。

孩子活動量不足也沒關係

當孩子做出爬行、翻滾、行走、跳躍等動作時，就會有大量的感覺刺激輸入至大腦，使大腦能夠經過統整處理後產生合適的動作反應。假如孩子缺乏大動作活動經驗，使大腦無法接收足夠的訊息來進行整合，就會發生**感覺統合失調**情形，孩子就可能會因爲無法正確處理感覺資訊，而產生注意力短暫、無法集中，甚至需要大量協助才能完成活動，這絕對會對孩子的各方面學習與發展產生不良後果。

運動能幫助腸胃蠕動、增進食欲，活動量不足的孩子因代謝與消化緩慢，不容易感到飢餓，吃飯時間也就更吃不下，腸胃蠕動與吸收效率更差，就算吃再多促進腸胃蠕動的營養品也無法改善。

科學育兒新觀念

鼓勵孩子探索環境

零到兩歲嬰幼兒的活動空間應盡量去除危險因子（如地面鋪地墊、桌角貼防撞邊條、插座使用兒童保護蓋等），同時鼓勵孩子主動探索環境。遇到孩子跌倒或受傷等情形，家長不宜出現過多情緒來強化孩子的恐懼感，最適合的做法就是冷靜平緩的安慰孩子，容許孩子休息一下，並鼓勵他們繼續嘗試。

另外，父母可以身作則，每天安排運動時間與孩子進行親子活動，例如騎腳踏車、散步、玩球等，協助孩子培養運動的規律作息。

男女注意力大不同

男孩與女孩幼兒時期的注意力問題有些許不同，根據臨床研究顯示，男孩活動量過大、衝動行爲多，且較不能專心；女生容易恍神、安靜活動無法集中精神，導致動作較慢，這些都會受先天基因、環境、後天教養與孩子本身發展的影響。如果已經影響到日常生活功能與學習效率，就一定要讓專家進行兒童發展評估。

學齡前，孩子如果容易出現恍神與動作緩慢，應該掌握孩子活動的休息時間（如二到三十分鐘爲上限），讓孩子暫停活動，做一些身體伸展與遊戲。

家長應讓女孩平時也有大量運動的機會，動作協調性才會更好。

TOP 4 男孩天生活潑好動，不必像女孩一樣靜下來玩玩具？

育兒大家說

男孩天生活潑好動，總是靜不下來，很難參與靜態活動，所以還是讓男孩去戶外跑跑跳跳，不一定要強迫他坐下來玩玩具！

育兒專家說

錯！讓孩子有動靜皆宜的能力才是最重要的。「動的夠，才能靜的下」是非常重要的男生教養原則，動靜這兩件事也應該是可以並行的。並非所有男孩都一定會有衝動與活動量大的情形，透過感覺統合訓練配合認知行爲矯正，就能幫助好動的孩子學習自我控制的能力，所以即使是過動的孩子，也能調整到有良好的學習效率。

臨床實例

小文兩歲，他的媽媽告訴我，孩子從小就像是裝了鹼性電池一樣，永遠動不停也不會累。媽媽很想陪小文從事一些靜態活動，如看繪本、畫畫、做美勞等，但他只能坐下來三分鐘左右，隨即又站起來衝來衝去。這種情形到了幼兒園之後更為嚴重，除了動態活動課程能吸引小文的注意力，其餘需要安靜坐下來的活動，小文的參與度都較弱，即使老師特別提醒他，小文最多只能坐下來五分鐘，而且坐在椅子上還是扭來扭去，一刻不得閒。剛開始老師以為他專注力不集中，無法聆聽老師說的話，但後來發現他雖然靜不下來，卻還是能回答老師在課堂中的問題，回家後也會告訴媽媽上課內容。

雖然如此，媽媽卻還是擔心小文上國小後會有學習問題，真是一個敏感度高又積極的媽媽啊！評估之後，我發現小文各方面發展都很不錯，唯獨對感覺刺激鈍感，讓他整天藉由動來動去來滿足自己。

因此，除了在課程中增加大量感覺刺激輸入的活動，我還特別加強小文對自我活動量的覺察能力，也請媽媽在家中配合教導小文每天練習。很快的，小文學會在學校與家中表達自己要休息的需求（去從事動態活動來滿足自己的感覺需求），一旦他休息過後，便能主動回到靜態活動參與至少二十分鐘。到了幼兒園畢業前夕，小文已經能配合靜態課程至少四十分鐘，老師說小文實在進步太多了！

錯誤的育兒觀念

男孩靜不下來就算了

普遍來說，男孩的精力比女孩旺盛，是因爲睪固酮這個荷爾蒙所導致。因此，男孩比女孩更無法長時間配合靜態活動，再加上現代孩子被嚴重剝奪身體活動的機會，所以在臨床上才會有越來越多「後天環境」造成的過動或不專心的孩子。但無論孩子活動量大的成因爲何，都需要積極的透過正確訓練來使活動量正常化，並且教導孩子學習觀察自己的情形，進一步控制本身的衝動性。倘若家長發現家中的男孩好動、靜不下來，卻沒有及早尋求專業人士的協助、放任孩子在家中或學校橫衝直撞，常見的後果就是影響孩子在學齡期的學習情形。除此之外，無法克制衝動行爲的他，更容易與同儕發生肢體衝突，影響孩子在學校的人際互動，這對學齡兒童的學校生活是個很大的挑戰。

科學育兒新觀念

陪孩子一起參與動態活動

根據研究發現，透過禁止孩子活動的做法，反而會增加養出**過動兒**的機率。孩子一旦無法發洩，行爲就容易產生偏差。所以男孩雖然較好動且坐不住，但還是能透過操作性活動（如玩積木），來培養男孩有適齡的專注力。

因此，除了爲男孩選擇他有興趣、較動態的才藝課程之外，最好的方式就是父母陪同孩子一起參與動態活動。家長可透過錄影等方式，讓孩子眞實了解自己的衝動行爲，再學習察覺自己的活動量，進一步學習合適的宣洩管道與控制方法。

由爸爸來控制男孩的活動量

由於男孩身體活動的學習模仿對象，主要是來自於爸爸，所以如果爸爸能夠扮演控制男孩活動量在合理範圍重要的角色，較能夠幫助男孩達成目標。此外，活動量也是孩子天生的氣質，在教養上適當的觀察與微調，假日全家多陪伴孩子運動，是最好解決孩子活動量過大的方法。

TOP 5 男孩喜歡玩車子，女孩喜歡洋娃娃，只要孩子喜歡就好了嗎？

育兒大家說

男孩都喜歡玩車子跟積木，女孩則偏好玩洋娃娃跟扮家家酒，所以男孩的玩具只買車子或積木，女孩則買芭比娃娃或扮家家酒遊戲組就好！

育兒專家說

錯！不同類型的玩具才能刺激出**多元智能**發展。雖然男孩與女孩因爲大腦構造不同，以致於對玩具的偏好有所差異，但並不是所有的孩子都有同樣的偏好。父母若未觀察家中孩子的喜好與所需要加強的技能，單就性別上的迷思來選擇孩子的玩具，孩子就會失去學習不同技能的機會，也會喪失促進大腦神經連結的最佳時機。

臨床實例

小哲與小翔是年齡相仿的表兄弟，兩人從小都喜歡看街上的車牌，手上的玩具都是車子。小哲的媽媽認為男孩本來就會對車子感興趣，所以就順著小哲買了一堆玩具車。而小翔的媽媽雖然知道兒子只對車子有興趣，但是除了玩具車之外，還買了黏土、廚房玩具與繪本，每天陪小翔用黏土做各種食物、玩扮家家酒、唸書給小翔聽。

等到小哲跟小翔上同一所幼兒園大班時，老師反應小哲在學校有些坐不住，靜態活動課程時配合度較弱，時常會離開團體跑去玩他想玩的教具。而小翔不但喜歡聽老師說故事，還會主動上台分享在家中讀過的繪本，平時也會和所有同學玩在一起，不管是跟男生用積木蓋停車場，或是跟女生玩煮東西給布偶吃，他都很能樂在其中，班上同學都很喜歡跟他一起玩。

錯誤的育兒觀念

只買適合男孩或女孩玩的玩具

腦科學研究告訴我們，男女大腦因爲結構不同的關係，所以男生喜歡有**速度感**的遊戲，女生喜歡洋娃娃等**角色扮演**的玩具。但是，並非所有孩子都完全遵循著此偏好來發展，家長必須尊重不同的孩子所存在的個體差異，促進孩子觀察與欣賞其他孩子的遊戲行爲。

只要孩子喜歡就買給他

學齡前的孩子需要透過大量的遊戲與玩具來學習各種技能，以提供大量刺激來促進大腦神經連結，假使家中孩子明顯偏好某些特定玩具，父母更應留意孩子是否缺乏、甚至排斥其他感覺經驗或遊戲。倘若家長過度「尊重」孩子的偏好，而並未予以適當的教學引導，不僅容易讓孩子養成「我行我素」的習慣而影響其人際互動，更會使孩子錯失學習各種智能技巧的機會，大腦也就無法全方位的吸收、連結與發揮最大潛能。

玩膩了就買新的

其實，不管男孩或女孩，對玩具都容易喜新厭舊，所以父母不必一直買玩具。如果能將玩具分類，每週或每個月將玩具換季，不但可以保持孩子對玩具的新鮮感，等孩子到了不同的年齡，對相同的玩具也可能會產生不同的玩法。

科學育兒新觀念

父母應分工陪伴孩子玩玩具

建議父母可以多陪家中的男孩玩角色扮演、扮家家酒、親子共讀繪本，並引導男孩思考討論關於情境理解、認識情緒、察言觀色等；女孩則可以多玩一些建構性的玩具，如積木、七巧板等。父母可針對自己擅長的能力進行分工，例如愛運動的爸爸負責陪孩子進行體能活動與大動作遊戲；媽媽則陪孩子進行繪畫、勞作、閱讀等活動。至於如何爲不同年齡層的孩子選擇合適的玩具，則可以參考第二七三頁。

豐富的玩具可刺激多元智能發展

哈佛大學心理學教授迦納（Howard Gardner）認爲，人類的智能應該廣義來談，有八大多元智能：語文智能、空間智能、邏輯數學智能、肢體動覺智能、音樂智能、人際智能、內省智能、自然觀察者智能，因此選擇男孩與女孩的玩具時，玩具的種類是否豐富，並足以刺激多元智能發展，也是重要的參考原則之一。

父母可以多陪男孩玩扮家家酒等遊戲，女孩則多玩積木等玩具，才能刺激多元智能發展。

TOP 6 男孩總是不聽話，可以透過打罵的方式來教養嗎？

育兒大家說

大家都說五歲定終身，孩子的行爲養成也有一定的關鍵期，所以如果從小有一些壞習慣，怎麼講都講不聽的話，那就應該要用打的，孩子才會記得哪些事不可以做，不然他們總是很健忘。

育兒專家說

錯！對於孩子的錯誤行爲，體罰雖可立即見效，並產生嚇阻作用，但是這種教養方式對孩子的身心成長是很不利的。根據相關研究指出，如果孩子三歲前被父母打過，那麼這些孩子五歲以後有暴力行爲的比例將大幅增加，尤其是男孩。這麼說來，如果孩子身上有暴力傾向的未爆彈基因，使用暴力體罰的父母則是點燃這個基因的始作俑者。在臨床上，我輔導過非常多的個案，發現這十幾年來，並沒有任何一個被「打」出來的優秀孩子。反倒是這些讓家長覺得難纏的孩子的整體發展，總是落後其他人，令我憂心忡忡。

臨床實例

小凱即將上中班，記得當初他來我的發展中心時，幾乎是被父母揪進來的。更讓我印象深刻的是，根據小凱的爸爸表示，他是一個很調皮的孩子，只要一不順著他的意就哭鬧，棍子打到不知道斷了幾根！對於這種會用家法處理孩子問題行為的家長，我一定會先問他們兩個問題，一是「有用嗎？」，二是「你是不是覺得用打的越來越沒用？」。只見爸爸先是點頭表示認同，接著表示這招對孩子越來越不管用，並且向我反應孩子怎麼這麼難教，不但會頂嘴，還會搬救兵告狀，讓人越看越氣，於是處罰也越兇。

我喜歡站在孩子的角度來看待教養上的問題，因為很少人可以同理孩子的想法，像是「你除了會打我之外，難道就沒有其他方式可以教我了嗎？」「因為你打我，所以我為了保護自己，當然要跟你對抗啊！」「你打我，但是卻沒有告訴我，我做錯了什麼？」「你的情緒來得又急又快，都沒有好好的聽我說！」等。幸好小凱的父母非常願意學習，一開始的教養方式固然有錯，但是卻能夠很仔細的聽我分析孩子的發展現況，並且願意改變與孩子的互動。半年過後再來追蹤時，父母與孩子臉上都帶著幸福的笑容。

雖然父母打孩子多半是希望孩子好，也代表他們某種程度上是關愛孩子的，不過還是建議換個方式教養，才不會危害孩子的身心發展。

錯誤的育兒觀念

男孩不乖就是要打

許多家長反應，活潑好動的男孩在被修理過後，經常會若無其事的問：「你們在生什麼氣？」其實這是因爲男孩天生不容易記取教訓，要解決這些行爲問題，絕不是打越兇就越有用。建議家長改變處罰男孩的策略，像是安靜罰站十分鐘、取消某些權利（如食物或玩具）、幫忙做家事等，引導正確行爲的效果，未必比修理一頓來得差。家長的教養方法越民主，孩子的人格發展才會越健全。

對於五歲前的男孩採取強迫學習或打罵教育，容易造成青少年時期孩子兩個極端的心理人格發展：一是「極度退縮」，二是「遷怒暴躁」。綜觀這兩種發展，都是兒時長期受到不正確的教養方式，造成孩子缺乏自信與自尊，延伸到青少年時期的嚴重後果。

科學育兒新觀念

訂定明確的處罰機制

由於男孩的大腦會受到睪固酮影響，因此總是喜歡打打鬧鬧、跟別人競爭，以及重視地位。建議家裡有男孩的父母，應盡早訂定明確的家規與處罰機制，或是多讓孩子接觸音樂與藝術，讓左右腦均衡一下，也能夠稍微降低孩子的打鬧行爲。

另外，因爲男孩三歲前的大腦會先發展大動作協調、空間規畫、速度處理等，所以較無法安靜坐下來操作玩具。建議家長應先讓孩子的身體活動充足後，再適當的引導孩子坐下來安靜的從事美勞、串珠、塗鴉等精細活動，才是最適合男孩的活動流程安排。

改變管教的說話方式

將近兩成的學齡前男孩聽知覺功能（包括聽覺注意力與聽覺記憶）低弱，無法將父母交代的教養話語深刻的記在大腦裡。因此，建議父母在管教男孩時，應放大音量、放慢速度、縮短句子，如果可以讓孩子覆誦父母所交代的事情再去執行，他們將會更專心。

另外，男孩的執行力較強，但因個性較爲衝動，所以無法三思而後行，總是先做了再說。父母在教養男孩時，應引導他們先訂定執行計畫，給孩子充分的時間慢慢說，說完之後再去做，間接降低男孩的衝動性。

給孩子充分的安全感

分離焦慮是正常的兒童發展行爲，但現代的男孩比女孩更嚴重，原因在於社會大眾認爲男孩應該更早就獨立。所以孩子在兩歲前，無論男女都應該充分獲得父母的關心，大量的擁抱與支持性的話語，可以讓男孩的安全依附順利發展，提早學習獨立。

TOP 7 男孩學才藝要偏重空間概念，女孩學才藝要偏重語言方面嗎？

育兒大家說

人家說，男孩天生就有良好的空間概念，女孩從小就比男孩會講話，也更有語言天分。因此，應該送男孩去學建構式積木，送女孩去學語言才藝最好！

育兒專家說

錯！了解孩子的優勢是重要的，但若能讓孩子多元學習會更好。雖然腦科學證明男女的大腦結構不同，以致於男孩跟女孩的學習偏好不同，但還是無法避免個體差異存在的事實。更何況大腦的神經迴路是刺激越多、連結越強、智力越好，倘若孩子的學習經驗受到侷限，大腦連結將會用進廢退，平常很少被走過的神經迴路就會被修剪掉，而變相的限制了孩子的腦力發展。

臨床實例

琳琳從小的語言發展跟弟弟小杰比起來早很多，不到一歲就能講出至少二十個名詞。媽媽知道琳琳在語言方面很有天分，從兩歲開始就讓她學習英文與德文。小杰在耳濡目染下，很快的也學會了三種語言。但是，媽媽卻發現琳琳的大動作發展逐漸被小杰追上，當三歲的小杰已經能夠很熟練的溜滑板車到處玩時，四歲多的琳琳才敢獨自站上滑板車而已。爸爸說這是因為琳琳個性本來就比較保守，長大就會改善了，可是媽媽直覺孩子有點狀況，所以來找我諮詢評估。

透過評估過程，我讓媽媽了解原來琳琳是因為前庭感覺調節功能有些問題，後來在幾堂課程訓練之後，琳琳動作平衡進步很多。除了原本很厲害的語言天分外，還可以跟小杰一起玩很多動態遊戲，最近還吵著要和小杰一起去上直排輪課呢！

錯誤的育兒觀念

孩子喜歡就讓他學

男女大腦的先天差異，會影響孩子的學習偏好方式，而不是孩子的學習潛能。因此，了解男孩女孩的不同，是爲了讓家長利用孩子喜好的模式，教導他們學習各種知識與技能，如此一來，才能提高孩子的學習效率。假使家長把孩子的學習偏好當作孩子的學習天分，進而提供大量特定種類的刺激，那麼就有可能讓孩子畫地自限，剝奪孩子接收各種不同感官刺激的經驗。這樣便無法全面開發大腦原有的感官區、運動區、記憶區、決策區與專注區，對學齡前孩子的整體發育並非良好的安排。

雖然大腦結構是出生就已經決定的事實，但後天的經驗與刺激是否豐富，才是決定腦部神經網絡連結是否強大的關鍵。假使家長未觀察到學齡前孩子發展較弱勢的部分，及早提供合適的練習與訓練，孩子便喪失了學習的機會，等到上小學之後，甚至還會影響到學業、人際互動、自信心等各方面能力的發展。

科學育兒新觀念

讓孩子主動且快樂的學習

學齡前兒童首重五感多元刺激來幫助全腦連結更完善，像是多讓手操作觸覺遊戲、充滿身體律動的本體覺遊戲、整合眼睛與耳朵的視聽覺遊戲、有速度與方向變化的前庭平衡覺遊戲，才是真正的全腦開發。還有，孩子能主動且快樂的學習，更是大腦有效學習的基本元素，因此親子一起到戶外旅遊，勝過到昂貴的補習班補習才藝。

觀察孩子學習才藝的動機，學習才藝前充分跟孩子溝

通這項才藝的學習內容，並請孩子思考一下學習過程除了好玩，還可能遇到什麼困難，是否可以堅持到底等問題。此外，課外才藝不應太過注重孩子的學習成就，以免孩子有壓力下而產生排斥的狀況，父母也不應該將孩子自由玩遊戲的時間全數剝奪，畢竟充滿想像力與創造力的孩子，多數不是透過補才藝補出來的。

TOP 8 如何了解男孩與女孩的先天差異，讓他們好好相處？

育兒大家說

很多父母常會問，如果家長用相同的方式教養不同性別的孩子，那麼長大之後就不會引發因爲性別產生的問題。所以讓男孩玩洋娃娃，他們就會安靜一點；讓女孩玩玩具槍，她們就會活潑一點，眞的是這樣子嗎？

育兒專家說

錯！男孩與女孩在先天的行爲及發展上有著不小的差異，適度的引導、有性別差異觀念的教養，將有助父母養出好兒子與好女兒。許多家中有男孩與女孩的家長，都會遇到不同性別孩子的溝通問題，或是孩子上幼兒園後不知如何跟異性相處等。此時，家長如果可以協助孩子進一步觀察與異性的溝通及行爲上的差異，有了基本的同理心，互動就會更好。

臨床實例

一對可愛的小兄妹在遊戲室裡玩耍，哥哥五歲多，妹妹四歲，我向一旁的媽媽說：「這對小兄妹好可愛、好愛笑啊！」不料媽媽卻立刻回我：「才不是你看到的這樣呢！」十分鐘後，哥哥很粗魯的打妹妹，妹妹也不甘示弱的偷捏哥哥，邊裝哭邊跑來找媽媽說：「哥哥故意打我！」再不然就是哥哥要用單色積木蓋火車，妹妹則說她不要玩這個，她要用彩色積木蓋房子。媽媽表示：「他們每天……不……是每小時都要上演一場變形金剛大戰，然後再來個孟姜女哭倒萬里長城，我真的快受不了了！」我安慰媽媽說，這是因為男孩與女孩不懂得如何相處，不同性別的需求跟我們想的真的不一樣。就這樣，我們聊了一個多小時後，決定從改變家庭的某些教養方式做起。

錯誤的育兒觀念

無論男女，教養方式都一致

對於不同性別的孩子，教養方式應該要有差別，但關愛與關心卻不可以有所差別，做錯事的處罰也應該一致，才不會變成偏心的爸媽，讓管教失去理性與公平。

如果是因爲男孩與女孩的玩法不同而發生爭執，父母應該要知道這是先天的性別差異，不應該處罰孩子，給予適當的仲裁與引導，像是「你們可以輪流玩」「你們可以分開玩」「你們可以把兩種玩具混在一起玩會更有趣」，這樣才會刺激孩子思考下一次應該怎麼做，變成自己的溝通與互動能力。

科學育兒新觀念

不同的性別採用不同的教養方式

男孩與女孩在還沒學習前，就有性別差異，了解這些內在不同的發展，有助於藉此提出規畫，讓老師與家長可以在處理衝突行爲時，懂得如何因應。例如男孩比較不注重臉部表情，所以跟女孩相處時，無法仔細的根據女孩當下的表情，去判斷對方到底是不高興或不喜歡，因此必須增加男孩眼神注視的能力。另一方面，因爲女孩的表情與身體姿勢較多，情緒也較爲複雜，所以才會男孩才永遠搞不懂女生要什麼，因此必須引導女孩適當的表達情緒，凡事要好好說，男孩才聽得懂。

還有，男孩的觸覺比較**鈍感**，女孩則較比**敏銳**，所以當男女發生肢體衝突時，所反應出來的感受也會不一樣，男生可能會覺得「我又沒有很大力！」，女生卻認爲「我很痛耶！」。此時，家長應針對行爲來教養，例如「被打到一定會痛，但爸爸處理的是打人就是不對這件事！」這才是民主教養型的家長。

另外，由於男孩與女孩的視網膜構造天生不同，所以男生喜歡動感較少的顏色（如上述疊單色車子），女生則喜歡靜態較豐富的顏色（如上述疊彩色房子）。如果家長能夠促進孩子合作玩遊戲，那麼將可以促進異性孩子的同伴關係。以上述的案例來說，家長不妨告訴孩子：「爸爸覺得妹妹可以蓋一個超漂亮彩色的房子，這麼大的房子一定會有車庫，讓哥哥一體成型的跑車停進去，有空就載著大家一起出去玩！」

親密接觸有助於大腦發展

根據研究顯示，父母較常擁抱女孩，並與她們互動，而且打男孩出手也會比較重一些。其實溫柔、笑容與身體親密的接觸（如輕拍、按摩、哼歌），都會影響不同性別孩子的生長激素分泌，讓孩子發展得更好。孩子的大腦需要父母的愛來灌溉，友善的親子互動與兄弟姊妹互動，將會刺激大腦產生新的連結。

TOP 9 如何從先天優勢，培養男孩與女孩的閱讀習慣？

育兒大家說

因爲女孩天生文靜，男孩天生好動，所以閱讀是女孩才會喜歡的活動，應該很難教男孩乖乖坐著看書吧！

育兒專家說

錯！無論男孩或女孩都要培養大量的閱讀經驗，養成愛看書的好習慣，更何況閱讀是需要後天的經驗才會獲得的技能，因此只要用正確合適的引導方法，男孩與女孩都可以培養出好的閱讀習慣，並從中增加專注力、記憶力、思考能力、想像創造力等。

臨床實例

愛莉從小就喜歡拿書亂翻，也喜歡聽媽媽唸故事書，不到三歲就會自己拿著書，靜靜的看半小時。弟弟約翰出生後，媽媽也依法炮製，希望他能跟姊姊一樣愛看書。可是約翰總是興趣缺缺，看不到幾秒就跑去玩玩具，就算媽媽把他抱在腿上一起唸書，他還是只對車子相關的書籍有興趣，而且也看不到三分鐘。

直到某天，媽媽發現愛莉邊唸故事邊做動作給約翰看，約翰開心的模仿姊姊，幾天後甚至自己拿著姊姊唸給他聽的故事書來看。媽媽這才發現，原來約翰也會看書，於是在跟爸爸討論過後，決定帶他去書局，讓他自己挑選想看的書。找了一陣子，媽媽終於找到約翰喜歡的、圖畫多於文字的故事書。後來，約翰更會依據書中的故事內容，自己用積木創造出其他場景與情節，並且與姊姊一同認字、與媽媽一起討論內容感想。

錯誤的育兒觀念

孩子不喜歡就放棄

其實閱讀能力是可以開發的，很少孩子天生就喜歡看書、擅長閱讀，但家長往往因為孩子不喜歡或不能持續，就放棄這項優良的休閒活動。對學齡前的孩子來說，第一次的閱讀經驗如果是枯燥無聊的，可能會影響後面參與的興趣與動機。雖然不是每位家長都會說故事，但讓孩子挑一本有趣的故事書，或是模仿書中人物的動作、表情，卻是人人都可以做到的。

由於閱讀需要大量的專注力，建議家長在培養孩子養成閱讀習慣時不須操之過急，除了選擇引人入勝的閱讀內容外，適當的休息時間反而能讓孩子有期待的心情，以循序漸進的方式來培養孩子閱讀的能力。

男孩不愛看書，女孩必定喜歡閱讀

隨著腦科學的日新月異，讓我們清楚了解男女大腦的結構不同、成熟速度不同，以致於學習形態更是大不相同。如果家長只靠單純的刻板印象，就斷定男孩一定不愛看書、女孩必定喜歡閱讀，不僅容易讓自己的教養方式不切實際，更會使孩子錯失學習閱讀的黃金時期，甚至進一步影響孩子的認知能力、抽象思考、口語表達等關鍵技能的發展。

如果要使用同一本書來教養不同性別的孩子，可以讓男孩畫圖，女孩講出心得內容。

科學育兒新觀念

從小養成閱讀的習慣

閱讀習慣必須從小開始培養，而且不管性別爲何，越早開始訓練，每天持續閱讀，才能持續刺激大腦神經連結，幫助孩子培養更好的學習潛能。因此從孩子出生後，就可以講故事給孩子聽，六個月開始親子共讀，從小養成孩子的好習慣，孩子也將會非常期待這個親子互動的時間。

針對不同性別選擇適合的讀物

由於男女的眼球構造大不相同，男孩的視網膜有較多巨細胞，負責偵測位置、方向、速度；女孩的視網膜則有較多的小細胞，負責偵測顏色與質地，因此男孩較擅長觀察物體的移動方向或速度，女孩較能辨識物體爲何或觀察出物體的細節。所以，男孩與女孩的閱讀訓練，必須以不同的方式進行。建議家中有男孩的家長在爲孩子選擇讀物時，可挑選圖案較多的圖畫故事書，以吸引男孩的注意；至於學齡前的女孩，因爲情緒掌控與語言中樞發育較男孩早，所以家長在陪女孩閱讀時，可多與她討論看完故事後的感想，並鼓勵孩子說出自己的想法。

如果要使用同一本書來教養不同性別的孩子，或許可以讓男孩透過繪畫，讓女孩透過說話的方式，描述他們所看到的心得與內容。

TOP 10 如何教出愛學習的男孩與有自信的女孩？

育兒大家說

許多男孩從小不喜歡學習，讓老師非常頭痛，也有許多女孩感覺很沒自信，在推廣兩性平等的現代社會裡，這些孩子的天生特質，眞的可以藉由教養方式來改變嗎？

育兒專家說

對！父母的教養不但可以改變孩子大腦的迴路，甚至還可以改變大腦的結構。對的引導可以增加男孩學習的興趣，也能讓女孩勇於冒險。男孩的學習危機與女孩的自信心不足問題正在迅速蔓延，父母必須從小就仔細觀察孩子的學習狀態。

臨床實例

前陣子，兒童基金會邀請我去演講，主題是「零到六歲孩子成長的危機！」，我比較了一下近年來孩子的發展跟以往有什麼不同，結果發現不同性別的孩子有著不同的問題。許多家長與老師都在問我：「要怎樣才能讓男孩好好坐下來學習？」以及「該如何讓女孩勇於冒險探索？」的確，這個現象好像比以前多很多。不知是否因為男孩與女孩本身的性別問題，才會讓男孩不喜歡閱讀，講話的邏輯亂七八糟，作文不知所云，總是沉迷於3C產品與電動玩具；讓女孩不敢學習新的事物，情感發展快速，心智發展太過早熟。在巡迴演講中，我總是非常肯定的告訴家長，後天教養的因素大於先天的因素，對於這些發展上的危機，我們不得不睜大眼睛來正視這些「以前沒有，現在很多」的學習與身心問題。

錯誤的育兒觀念

孩子的問題是天生的

許多人認爲，男孩從小話講不好，沒有重點，缺乏組織邏輯，長大之後的作文與閱讀能力也不會好；女孩從小退縮、怕生、怕競爭，長大之後也會影響到學習上的自信心。其實，孩子的成長父母與老師都不能推卸責任，對男孩來說，一對熱愛學習、不會沉迷於3C產品的父母，對於提升男孩學習動機，可說是最重要的身教；而對於女孩來說，老師的負面評語最容易打擊女孩的自信心，因此父親扮演的是增進自信與勇氣的關鍵角色。

科學育兒新觀念

讓男孩愛學習的教養關鍵

①採用多元學習模式（如舉手發問、團體討論、動手體驗、分組辯論等），刺激學習效率。

②以大張紙、大面牆、大白板等取代一般紙張，讓男孩好好的塗鴉，使創意有地方揮灑，有助於整合手眼動作。

③需要思考時，男孩如果浮躁，可以站著、坐在海灘大球或手撐地趴著等，透過身體的感覺回饋，讓孩子學得更好。

④透角色扮演，像是「今天你當爸爸，請問你要陪我玩什麼呢？」，建立孩子學習同理心，男孩也比較能體會大人想要教會他們什麼。

讓女孩有自信的教養關鍵

①鼓勵女孩有變化的學習，日常生活中如果女孩願意探索新事物，就應給予獎勵，父母的口頭與肢體讚美，皆有助於培養出有自信的孩子。

②設計活動，讓女孩有機會擔任小小領袖，或是讓女孩學習分配任務，並引導同儕給予女孩的領導行爲正向的讚美回饋。

③在某些團體經驗中進行「無性別教養」，像是參加自然體驗營、科學營、小小冒險家等，讓女孩從

小接觸自然與數理的學習。

④批評女孩時，應針對犯錯行爲，因爲三歲以後的女孩，情感較爲豐富敏感，正確的教養互動能夠幫助孩子有效學習，例如：「萱萱，昨天妳的鞋子都有整齊的擺在鞋櫃裡，媽咪好高興喔！但是妳剛剛一回家就亂丟，讓地板髒髒，弟弟也跟著學起來了。我覺得一定是妳忘記了，妳可不可以試試看跟昨天一樣？」

PART 7

幼兒用品問題

TOP 1 孩子有脹氣問題，用防脹氣奶瓶就可以改善了嗎？

育兒大家說

孩子晚上睡不好通常是因爲肚子脹氣，所以要買防脹氣奶瓶，以減少脹氣的情形發生。

育兒專家說

錯！孩子會產生脹氣的情形，大都是因爲從嘴巴吞進太多空氣所造成，因此光是使用防脹氣奶瓶，而未從根本改善嬰幼兒的吞嚥，是沒有用的。

奶嘴兩側的透氣孔可減少孩子脹氣的情形發生。

臨床實例

小寶打從出生後的夜眠品質就不好，到現在快七個月大了，還是讓媽媽很頭痛，尤其最近晚上睡覺特別容易哭，媽媽摸摸小寶的肚子，發現竟脹得像顆西瓜！脹氣藥膏也塗了，肚子的按摩也做了，卻還是無效。白天時小寶雖然餓了就會吵著要喝奶，但每次喝沒幾口就轉頭不喝，並且繼續哭鬧。媽媽嘗試過加米精，也換過各廠牌的防脹氣奶瓶，情況依舊沒有改善，所以最近媽媽帶小寶來上課時都帶著兩顆熊貓眼，令人心疼極了！

於是我請媽媽把小寶的奶瓶帶過來，這才發現，雖然媽媽已經換過各廠牌的奶瓶，但是奶嘴的流量還是太小。再加上之前有加米精到奶瓶裡，導致奶嘴旁邊的透氣孔有點阻塞，所以小寶才會吸得那麼吃力，吸幾口就得放開奶嘴休息一下，然後又吞下過多空氣，因而讓脹氣情形更加嚴重，降低吸奶意願。

在聽了我的建議之後，小寶的媽媽立刻重新買了大流量的奶嘴，並且每天固定清潔透氣孔，以平衡喝奶時奶瓶內外的壓力。幾天後媽媽告訴我，現在小寶喝奶喝得很快，不但心情變好了，就連晚上的睡覺品質也改善了許多，媽媽也能夠跟著好好睡覺。

錯誤的育兒觀念

脹氣是因為奶瓶的問題

市面上的防脹氣奶瓶琳瑯滿目，其實原理大同小異，就是藉由進氣孔等設計來平衡奶瓶內外的壓力，讓孩子能流暢的吸奶。其實，孩子含奶嘴的姿勢、有無鼻塞、是否專心吸奶、奶嘴孔徑大小等，才是影響孩子是否吸進空氣的重要關鍵，這些問題也都會讓孩子在吸奶時不小心吸進過多的空氣，所以就算換了防脹氣奶瓶也無法解決。還有，孩子喝奶喝得滿身大汗就要換奶瓶的觀念也是錯的，一般來說屬正常現象，只要多注意孩子衣著的透氣度即可。

此外，因爲每個孩子可以接受的流量不同，所以很多廠商強調不同階段的孩子要一直換奶嘴，但其實保持奶嘴旁的透氣孔清潔乾淨，才是最重要的。

科學育兒新觀念

正確喝奶的方法

①首先應注意含奶嘴的姿勢是否正確，上下唇須向外翻開來整個含住奶嘴。
②大人應注意奶瓶傾斜程度，避免讓孩子空吸。
③家長須隨時觀察孩子的進食量與吸吮能力，並適時

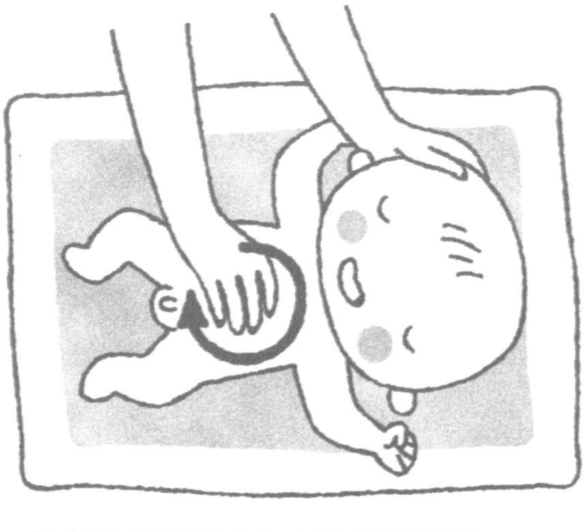

順時針按摩孩子的肚子，可改善脹氣情形。

更換大流量的奶嘴。

④及早開始培養孩子專心喝奶的能力，同時應避免在孩子喝奶時給予過多環境刺激。

⑤六個月以下的嬰兒在喝完奶之後，父母須使用正確方式拍嗝，幫助孩子排出多餘的氣體。

⑥若孩子的脹氣情形仍舊無法改善，請尋求專業小兒科醫生的協助。

TOP 2 孩子玩玩具很容易膩，隨便買應該沒關係吧？

育兒大家說

賣場裡琳瑯滿目的玩具真讓人眼花撩亂，反正孩子那麼容易膩，隨便買幾樣就可以玩很久了吧！

育兒專家說

錯！**玩**是學齡前孩子每天最重要的「工作」，孩子會透過玩要來學習各種動作、認知社交等能力，因此玩具是引導他們主動學習的最好工具。而且隨著孩子年齡增長，所需要學習的能力不同，如果家長沒有提供各種形式的適齡玩具，將使孩子錯失學習重要能力的最佳時機與途徑。

臨床實例

幾個月前，小凱的媽媽向我抱怨小凱在家中總是四處奔跑搗蛋，不然就是像個跟屁蟲似的黏在媽媽身邊。我問媽媽小凱喜歡什麼玩具，媽媽說家裡有很多玩具，只是他都玩膩了。原來，媽媽已經好一陣子沒買玩具，而家中的玩具對小凱來說都太過於簡單，難怪他興趣缺缺。

我建議媽媽添購一些適合小凱年齡的玩具，例如串珠、拼圖、套杯等，並且請媽媽陪小凱一起操作，引導他正確的玩法，必要時還可以改變玩法，幫助小凱持續專注。現在的小凱很喜歡和媽媽一起玩玩具，甚至還能獨自玩玩具長達二十分鐘呢！

錯誤的育兒觀念

不必考慮年齡，孩子喜歡就買

藉由各種形式的遊戲可以讓孩子練習控制自己的肢體動作、理解因果關係與數量、形狀、顏色等抽象概念，並學習與他人一起遊戲的社交互動技巧。因爲兩歲與四歲的孩子所需要學習的能力不同，喜歡玩的玩具也不同，如果父母沒有依照孩子的年齡成長，而提供適合的玩具，會讓孩子失去許多學習機會。

還有，如果家長能陪伴孩子操作不同的玩具，不僅能增加親子互動，促進感情，還能透過實際操作玩具，觀察孩子對玩具的偏好，並藉此充分了解孩子的能力，適時提供指導，幫助孩子適性成長。值得注意的是，家長不該因爲孩子的喜好而大量購買某種特定的玩具，一成不變的玩法並無法刺激孩子的心智發展，玩具的功能與多變的玩法才是挑選玩具最重要的原則。

科學育兒新觀念

適合各年齡層的玩具

①零到一歲：建議選擇各種不同觸感、材質、形狀的玩具，讓孩子練習抓握、捏取、拍打、拉、戳、搖動，如鼓、搖鈴、小球、玩偶、硬皮書或布書、小豆子等；或是有聲光效果作爲回饋的玩具，可訓練簡單的因果概念，如音樂鋼琴等。

②一到二歲：讓孩子練習丟、拋、踢的直徑八到十五公分的球、練習畫出線條的粗一點的彩色筆或蠟筆、練習拔起來與對準放進洞中的形狀插棒組、練習疊高的積木、練習拔開與組裝的樂高，學習認識與命名的動物、交通工具與常見生活用品的圖卡或書，其他像是一片式的鑲嵌拼圖、大型串珠、基本形狀配對盒等。

③二到三歲：讓孩子練習往前跳的彩色地墊、練

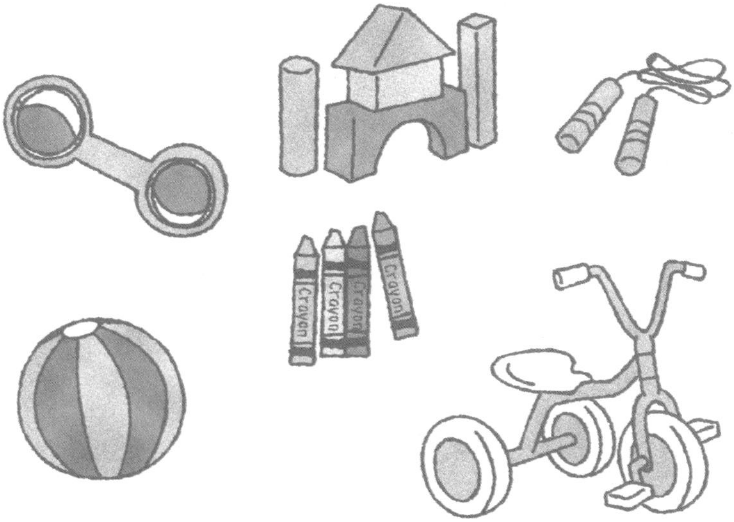

為不同年齡的孩子挑選適合的玩具，可刺激孩子的心智發展。

習過肩丟球的網球大小的軟球、練習用腳踩踏板的三輪車、練習疊高與蓋出簡單結構的積木、練習塗鴉的彩色筆或蠟筆、形狀配對玩具（如形狀寶盒），其他像是二到四片拼圖、顏色配對玩具、黏土印模、字母或數字嵌入拼圖等。

④三到四歲：練習用手接住的直徑十到十五公分的球、練習打到球的粗球棒、練習剪紙的安全剪刀、角色扮演玩具（如扮家家酒用品），練習畫○、十、□的彩色筆或蠟筆，其他像是三輪車、六到十片拼圖、大小套杯、一到十數字數量配對玩具、串珠組等。

⑤四到五歲：練習擊球的粗球棒或球拍、三輪車或滑板車、跳跳馬、幾何形狀版或穿線板、十二到十八片拼圖、扣扣釘版組、剪貼勞作、小小工程師、順序圖卡、趣味串珠或雪花片等。

⑥五歲以上：跳繩、球棒、羽球拍、高爾夫球、踩高蹺、用筆練習連連看、二十片以上的拼圖、迷宮玩具、疊疊樂或骨牌、七巧板、記憶轉盤、紙牌遊戲等。

TOP 3 買一輛昂貴的推車，就可以讓孩子從小坐到大嗎？

育兒大家說

孩子的手推車可以從出生坐到四、五歲，所以一定要選一輛昂貴的，能夠從小用到大的比較划算。

育兒專家說

錯！隨著孩子年齡增長，所需要的推車條件不盡相同，像是六個月前的嬰兒與兩歲孩子適合的推車條件就相差甚遠，如果家長沒有依照孩子的年齡選購或更換，不僅無法讓孩子有舒適的乘坐經驗，更可能因手推車不適而造成意外傷害。

臨床實例

某天，小輝的媽媽打電話來幫小輝請假，說他從手推車摔下來，造成腦震盪，經過很長一段時間休養才慢慢恢復，媽媽每次提到這件事，就難過的流下眼淚。

原來，當時小輝很不喜歡坐手推車，每次一坐上去就扭動不安，事發當天媽媽帶著小輝出門買菜，正當媽媽轉頭付帳時，他竟然自行掙脫安全帶站了起來，媽媽還來不及反應，他就從手推車上摔下來了。

媽媽自責之餘，也開始反省小輝摔下來的原因。我檢視後發現，這輛手推車對小輝來說太小了，座椅深度不足，導致小輝很容易從推車滑下去。另外，安全帶長度也不夠，不僅會卡住身體造成不適，而且還只能固定腰部與胯下，對於快兩歲的小輝來說，根本沒有固定效果。

事後媽媽很後悔自己為了省錢，而忽略了手推車的安全性與保護性，也開始分享給其他家長，讓更多人知道選擇適時汰換手推車的重要性。

錯誤的育兒觀念

雙向手推車最實用

如果雙向推車只有兩個輪子可以三百六十度旋轉，那麼將推車轉到可看見孩子的方向時，轉動輪會跑到後面，使讓手推車難以推進；如果是四個輪子都可以旋轉的款式，則可能會導致手推車的穩定性不佳。

孩子坐越久越划算

爲了能承載較大孩子，手推車的座椅勢必得設計得比較大，這樣對體型較小的嬰幼兒來說，不僅會因爲椅面過寬而產生不安全感，更可能會使孩子過度搖晃。即使加大輪子或強化避震器，也無法完全避免可能會導致孩子受傷等疑慮。況且兩歲以上的孩子長時間乘坐手推車，也會剝奪孩子的運動機會，使孩子因缺乏運動而導致肌耐力不足，嚴重影響日後發展。

科學育兒新觀念

手推車選購要點

家長在購買手推車前，最好先考量以下幾點：

①孩子的年齡多大？三個月內的嬰兒需要可以完全平躺的手推車。

②手推車的主要用途爲何？市區內短程使用或長途旅遊使用？

③主要使用者的身高多少？這會影響到手把高度的選擇。

④居住環境是否有電梯？是否需要搬動？

⑤煞車裝置是否好用？

座椅深度不足，容易讓孩子滑下去。

⑥手推車是否通過國家標準檢驗局的安檢標準？

兩歲半後減少坐推車

建議父母選購手推車時，不妨帶孩子實際乘坐，並觀察孩子身體或屁股與座椅兩邊間隙是否過大、座椅深度是否足夠（當孩子坐著，膝窩與坐椅前緣距離不超過兩指幅）、安全帶能否固定孩子、有無尖銳處或可能夾住孩子手指的地方等。

值得注意的是，孩子在兩歲半以後，爲了避免動作發展與體耐力不佳，出外時要盡量行走，少坐手推車。

TOP 4 孩子不喜歡坐安全座椅，媽媽抱著應該無所謂吧？

育兒大家說

孩子才八個月大，每次坐在汽車安全座椅上就大哭，總得花許多時間安撫，有時甚至一路上都在哭，爸爸也跟著沒耐心起來，夫妻倆也就進行了一場莫名的大戰。老公說得對，孩子還小，體重又輕，不喜歡坐就不要坐，大不了抱著就好了，等他長大、可以控制情緒的時候，自然就會乖乖坐安全座椅了。

育兒專家說

錯！雖然孩子體重較輕，看似可以直接被媽媽抱在懷裡，但是意外發生時，媽媽的臨場反應往往無法同時保護兩個人，更何況家庭的幸福絕對不容許出任何差錯，也不值得爲此賭上一筆。其實，孩子坐安全座椅的習慣需要從小培養，建議從一出生就開始養成習慣。等到孩子年紀稍長後，更會自行爬上安全座椅就座，因爲他知道這個位置屬於他。如果家長認爲在孩子四到五歲時再讓他就座會比較容易，那就大錯特錯了！這個時期的孩子已漸漸開始有自我意識的觀念，要他適應新的規矩將更爲困難。

臨床實例

一對年輕父母「提著」孩子來到中心，在安全座椅中熟睡的孩子看起來約莫六個月大，才一進門，爸爸就開始唸道：「剛剛在車上都不睡，現在才睡成這樣，不是早就叫妳抱著他了嗎？」只見媽媽不以為然的回答：「書上說孩子一定要從小就坐安全座椅嘛！還不是你的開車技術不好，一下子緊急煞車，一下子又猛踩油門，搞得兒子暈頭轉向，才會哭個不停。」類似的爭吵在現實生活中經常上演，其實孩子的坐車習慣是從出生開始養成的，倘若能從出生就讓孩子習慣坐安全座椅，對於孩子的安全與往後習慣的養成都會比較好。

錯誤的育兒觀念

孩子不喜歡坐就請媽媽抱著

相信很多人都跟上述爸爸一樣，覺得「孩子還小，不喜歡坐汽車安全座椅就請媽媽坐後座抱著即可，媽媽既可以有效安撫與陪伴，又能夠擁有一趟安全的旅程」。其實，孩子坐車難免吵鬧，倘若爸爸因此失去耐性，在孩子坐在安全座椅中安全無虞的情形下，媽媽應先安撫爸爸，切勿讓爸爸一邊生氣，一邊開車。

安全座椅隨便挑都很安全

「安全座椅又貴又麻煩，所以應該直接買大一點的，反正只要裝得下小孩，也有安全帶可以固定，就一定很安全。」這樣的觀念絕對不能有，在孩子零到四歲期間，安全座椅絕對不能省，唯有「快快樂樂出門，平平安安回家」，才是維持家庭幸福的唯一保障。

科學育兒新觀念

行車安全四階段

建議從小開始養成坐汽車安全座椅的習慣，孩子坐車時，應以以下四個階段爲考量：

①平躺式安全座椅：適合九公斤以下的寶寶。（建議孩子四歲前皆面向後，倘若孩子容易暈車，則足十公斤後再可考慮面向前，但仍須小心注意孩子的安全。）

②雙向式安全座椅：適合九到十八公斤的寶寶。

③成長型兒童安全座椅：適合十八公斤以上或一百公分以上的孩子。

④直接使用汽車安全帶：適合二十七公斤以上或一百二十公分以上的孩子。

使用安全座椅時，讓孩子面向後面較為安全。

安全座椅挑選須知

挑選安全座椅時，應注意以下原則：

①須通過經濟部安全檢驗

②具可調式頭靠安全護墊與高低可調式肩帶者爲佳

③現場安裝不搖晃

④須適合寶寶的體型

⑤有五點安全帶（兩肩、兩腰旁與胯下）固定孩子，因爲孩子的活動力較強，尤其是男孩，所以需要穩定性與安全性較好的安全帶。

TOP 5 孩子的寢具大同小異，只要選擇圖案可愛就好了嗎？

育兒大家說

孩子已經三歲了，從出生到現在總共換了四張床，早知道買一張標準單人床就可以一勞永逸了！市面上的兒童寢具色彩鮮明又可愛，孩子一定很喜歡，反正只是色彩圖案不同，材質應該大同小異，所以不用花心思挑選吧！

育兒專家說

錯！不論兒童或大人都應該慎選床墊，如果床墊的合成泡棉含有有害物質（如游離甲醛、鉛、鎘），孩子吸入過量將導致輕微氣喘。其中，鉛容易對腎臟與神經系統造成危害，兒童的免疫力較低，很容易因此中毒；鎘則對腎臟有急性的傷害，長期吸入會導致肺臟損傷與骨骼密度低下；至於母親若在懷孕期間吸入高濃度的甲苯，則會使胎兒成長受阻，造成兒童發展遲緩。

臨床實例

一對家長憂心忡忡的抱著兩歲孩子到中心評估，他們對於孩子使用的床墊與枕頭有很大的歧見。爸爸堅持孩子將來會長大，直接買長大之後還可以繼續使用的就好，而寢具只要色彩鮮豔、孩子喜歡，肯乖乖睡覺就好了；媽媽則跑遍各大賣場，卻還是找不到適合的床墊與枕頭。因為她的孩子每天輾轉難眠，先天肌肉斜頸的問題也無法藉由自然擺位獲得改善。再加上睡眠不足，孩子變得越來越不愛理人，哭的時間比笑還多，爺爺、奶奶看得心疼不已，也開始責怪起媳婦來。

錯誤的育兒觀念

直接買大床可以用比較久

「反正孩子會長大，床就直接買大一點可以用比較久。」「孩子會認床，每天光哄睡就得花許多時間，所以最好不要經常換。」這些都是大多數家長的心聲，不過還是建議大家，孩子的床固然可以超越年齡稍微買大一點的，但仍要避免過度超齡使用，應考量其安全性與舒適性，軟硬適中，確保孩子擁有安全無虞的睡眠環境，以利生理自然成長。

孩子喜歡就好，不須在意材質

「只要孩子喜歡寢具上的圖案與顏色，每天願意躺在上面乖乖睡覺就好，其他的都無所謂！」上述的觀念部分正確，寢具上如果是孩子喜歡的卡通圖案，的確比較容易說服孩子上床睡覺，但每天的睡眠應養成規則與習慣，即使沒有心愛的圖案也該因爲習慣養成而逐漸進入睡眠狀態。所以選購寢具時應以材質爲考量重點，因爲枕頭套、床單、被單每天都會大面積的接觸孩子的皮膚，所以必須愼選才行，而且還要多準備幾套以便換洗。以台灣潮溼的環境來說，建議二到四週就需換洗。

科學育兒新觀念

挑選寢具的方法

①寢具：挑選寢具時應重視品牌與產地，最好挑選「歐盟無毒認證」的產品較有保障。材質方面，最好使用平織布料，不但耐洗且越洗越柔軟，挑選時應詢問店家製作布料爲幾支紗。款式則以側邊有拉鍊的爲主，以方便自行檢測產品來源、內容物與品質。孩子若有過敏體質或睡眠品質較差，可以考慮選用蠶絲被。因爲蠶絲被較能抗菌，具有十八種胺基酸，有安定神經的作用，可以幫助睡眠。

②枕頭：美國兒童醫學會呼籲，兩歲以下的孩子不需使用枕頭。挑選時

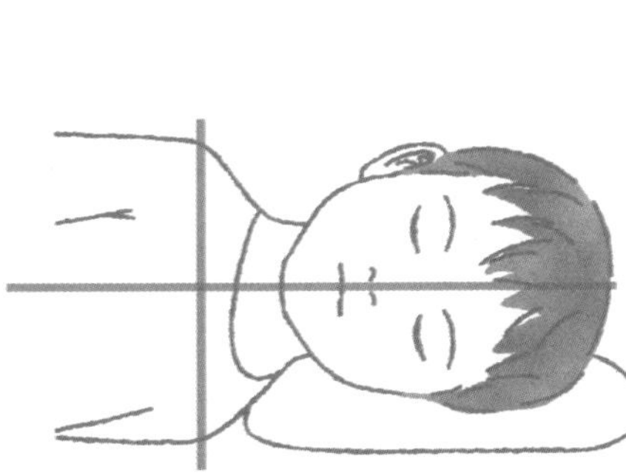

側躺時，頸椎與肩膀要呈九十度。

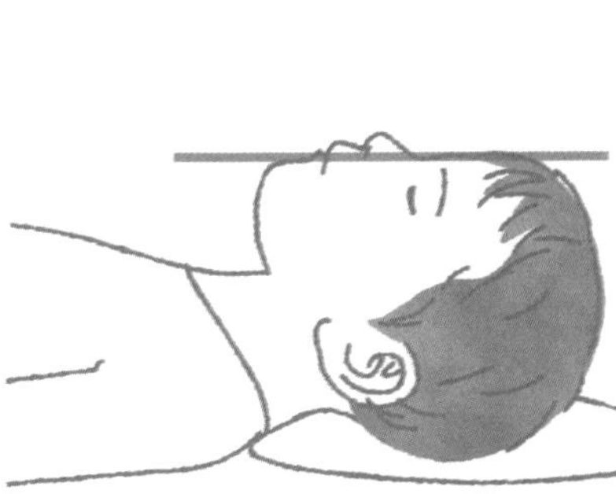

仰躺時，額頭與下巴要在同一個水平線上。

應注意材質，一般來說，乳膠是由天然發泡而成的，在成型的過程中需要經過水洗，所以大多較少有害物質。

③床墊：躺在床墊上時，應維持骨骼的自然曲線（注意頸、背、腰、臀、腿等處），且不能下陷太深，若下陷超過五公分，則會造成翻身不易。建議仰躺時額頭與下巴要在同一水平線上；側躺時頸椎與肩膀則要呈九十度。另外，可根據孩子的ＢＭＩ值選擇床墊軟硬度。

BMI	體態分類	適用床墊軟硬度
二十	略輕	標準偏軟
二十到二十四	標準	標準
二十四到二十六．五	略重	標準偏硬
二十六．五	過重	最硬

不良產品將可能對孩子造成落枕（枕頭）、脊椎側彎（床墊）、情緒失調與記憶低弱（散熱）、過敏（材質）等負面影響，家長不得不慎選。

TOP 6 孩子的腳長得很快，買大一點的鞋就可以穿久一點嗎？

育兒大家說

孩子已經五歲了，前陣子帶他去百貨公司經過一個矯正鞋專櫃，店員檢視後說孩子有扁平足，建議讓他矯正鞋墊或矯正鞋，當時覺得太貴所以沒買。後來好不容易買了卻發現，孩子走起來不但沒有任何改變，還被公婆責備浪費錢，直說以前不管扁平足或內八，只要把鞋子反穿就好了，哪需要買什麼矯正鞋！

育兒專家說

錯！孩子的鞋一定要好好挑選，不能隨便穿。幼小的孩子身體正在發展，骨骼肌肉系統的平衡與協調都跟動作經驗息息相關，所以鞋子一定要合腳，不能貪小便宜買大一號，認爲可以穿得比較久。

一般來說，學齡前的孩子大約六個月就需換一雙鞋，六個月的時效是以孩子雙腳長大的速度與鞋子磨損的程度估算出來的，支撐性與包覆性良好的鞋子對孩子的動作發展，甚至更進一步的腦部刺激，都有較好的影響與誘發。因此，適合的鞋子配合適度的運動，對孩子往後的發展是非常重要的，遠勝於其他各種相關刺激。

臨床實例

爺爺、奶奶帶著四歲多的小孫子來到中心，我注意到孩子腳上的鞋穿反了，於是提醒他們。但是奶奶卻說：「你不懂啦！小孩走路像鴨子，鞋子顛倒穿就會好了，哪需要什麼矯正鞋！」看著孩子三步一小摔，五步一大摔，雙腳頻頻打結，原因就出在反穿的鞋子。於是我向兩人詳細說明這種穿法對孩子未來的影響，並說服他們丟掉這雙鞋，為孩子找一雙合適的鞋。

在詳細評估後，我發現這孩子確實有扁平足引起的內八步態，於是先使用汰換性的貼布讓孩子做實驗性矯正，發現的確能有效改變孩子的步態。此時家人才聽從建議，為孩子訂做一雙客製化的矯正鞋墊，並搭配包覆性與支撐性良好的鞋子。結果孩子在幼兒園的表現漸入佳境，也從原本的內向害羞轉為外向活潑，體能課的表現讓孩子獲得更多同儕認同，良好的人際關係進而減輕了分離焦慮的問題，孩子變得更喜歡上學，並能主動學習。

在台灣，老一輩的觀念多半與這對祖父母雷同，認為孩子會自動改善，不須其他外力介入；或是因為過多的外力介入，帶給孩子不必要的限制，造成對穿鞋的負面印象與認知，影響專業介入的接受度與療效。其實，不論矯正鞋或矯正鞋墊，甚至一般孩子所穿的鞋子，都應尋求專家的意見。因為不是每個扁平足的孩子都需要矯正鞋或矯正鞋墊，但每個孩子都需要一雙舒適的鞋子，才能獲得完整、舒適、正確的動作經驗。所以，如何正確的選鞋與在什麼時間點應給予何種特性的鞋子，將是家長十分重要的課題。

錯誤的育兒觀念

鞋子買大一點，可以穿久一點

「孩子的腳大得很快，不如直接買大兩號，可以撐久一點。」「老大穿不下的鞋子，可以給老二穿。」這些觀念普遍存在於一般認知中，但其實合腳的鞋，對發育中的孩子來說非常重要，而且每個孩子的腳掌寬度不同，足弓與肌力的發展速度也不同，所以鞋子不該一個傳一個。更何況穿過的鞋子已有磨損，鞋子的平衡與支撐很可能已經不適合孩子的足底結構，對孩子的各方面發展都會有相當程度的影響。

怕孩子吵鬧，買鞋子不必試穿

還有些家長怕小孩吵鬧亂跑，所以不願意帶孩子一同買鞋。「他是我的孩子，我怎麼會不知道他腳的大小？」這樣的心聲普遍存在家長心中，但我建議買鞋時一定要帶孩子去試穿，因爲家長固然知道孩子雙腳的大小，但鮮少家長注意到孩子腳掌的寬度。所以，試穿後再購買，才不會發生削足適履的情況。

只要鞋子還能穿，就不必換新的

「鞋子雖然已經穿了半年多，但孩子並沒有抱怨太小或不舒服，所以即使有磨損也不用更換吧！」這樣的觀念很容易造成許多不必要的傷害。雖然孩子的腳在鞋子裡面尚有活動空間，且並未產生壓力點，可是鞋子如果已經有明顯的磨損，或是已經穿了八個月以上，那麼就建議家長幫孩子換一雙新鞋，讓孩子在活動時更安全。因爲磨損的鞋子平衡已改變，很容易讓孩子在活動過程中扭傷或挫傷，所以鞋子的汰換不能省。

科學育兒新觀念

選擇鞋子的重點

在爲孩子挑選鞋子時，需注意以下幾點：

①包覆性要好

②鞋底不能太軟

③足踝支撐性佳

④鞋筒高度適中（至少與內外踝同高）

⑤楦頭寬度合宜（視孩子的腳掌寬窄而定），兩側不可壓住腳掌最寬處

鞋子應以功能性區分

因爲接觸不同的平面，磨損程度也有所不同，所以孩子的鞋子應該在功能上有所區分，像是室內鞋（幼兒園內使用）、室外鞋、鞋底軟硬適中的涼鞋、包鞋、運動專用的運動鞋、好走的走路鞋。值得注意的是，台灣天氣較潮濕悶熱，有些家長不喜歡讓孩子穿包鞋，但包鞋的支撐性較佳，不過具可調式固定帶的涼鞋，仍可考慮在炎熱夏天使用。

另外，所謂的氣墊鞋，是增加了鞋子的避震性，可以有效減低地面帶給孩子的反作用力，如果孩子經常抱怨腳痛或腳痠，家長可以先挑選氣墊鞋，觀察是否有改善，如果沒有就建議尋求專家評估，看是否需要其他輔具協助。

一雙合腳的鞋子，可以提供孩子適當的穩定度。

合腳的鞋子很重要

孩子的鞋子過大或過小都不好，過大的鞋子無法提供適當的穩定度，造成下肢肌肉必須做多餘的功來維持穩定度，孩子容易累，也容易摔倒。建議家長不要爲了省錢買過大的鞋，這樣將導致孩子肌肉張力失衡；反之，過小的鞋會讓孩子的腳擠在有限空間裡，造成壓力點，引起皮膚破損擦傷，如果沒有給予適當的照顧，還會引起細菌感染。除此之外，鞋子過小還會影響足部發育與足部骨骼排列，進而影響下肢與身體大動作等功能，不可不愼。

至於該如何觀察孩子的鞋子合不合腳呢？切記買鞋時一定得帶孩子前往試穿！合適的大小應該爲腳放入鞋子後（孩子的腳盡量往前挪到鞋尖），仍可放入大人的一支食指。試穿後應讓孩子在現場穿著走一走、跳一跳，甚至跑一跑，然後脫下來看足部骨突是否有任何的紅點。

TOP 7 孩子不肯專心吃飯，就算坐餐椅也沒用吧？

育兒大家說

孩子每次吃飯都要大人追著餵，根本不可能乖乖坐在椅子上吃，所以買餐椅根本是浪費錢！

育兒專家說

錯！良好的進食習慣與餐桌禮儀必須從嬰兒時期就開始培養，利用合適舒服的餐椅讓孩子在餐桌邊與大人一同進食，孩子自然會想模仿大人坐著吃飯，並有助於孩子發展進一步的社會化過程。假使家長未準備孩子的專屬餐椅，放任孩子邊吃飯邊玩，不僅會讓孩子的食量下降，導致營養不均衡，還會讓孩子習慣不專心吃飯，而使專注力下降，將來到幼兒園過團體生活時，也可能因爲吃飯問題而造成老師與其他小朋友的困擾。

臨床實例

一歲多的小光很喜歡自己拿著湯匙舀食物吃，由於家中沒有購買合適的餐椅，因此媽媽就讓小光坐在客廳的茶几邊吃飯。可是小光經常爬上大人的餐椅、想跟大人一樣坐在餐桌吃飯，媽媽為了安撫小光，便陪他坐在茶几一起吃。沒過多久，小光又被客廳的物品或玩具吸引而跑開，媽媽只好一邊追著小光，一邊餵他吃飯，每頓飯往往都要吃上一個半鐘頭！

媽媽還說：「最近小光越來越不喜歡吃飯，也不肯好好坐在椅子上，每餐吃個三分之一碗就要偷笑了！」每天的親子拉鋸戰讓媽媽越來越火大，家裡的用餐氣氛也越來越緊張。於是我安慰媽媽說，其實只要一個改變，就能讓小光變回愛吃飯的乖寶寶：買一張適合的餐椅，讓孩子跟大人一起在餐桌旁吃飯。媽媽半信半疑的去買了餐椅，很快的，家裡的用餐氣氛變好了！每天小光最期待的就是坐上自己的餐椅，跟父母一起吃飯，媽媽也不用再為了追小光而餓肚子了！

錯誤的育兒觀念

餐椅一下子就不能坐

很多家長覺得孩子長得快，餐椅一下子就不能坐了，其實這是錯誤的觀念。因爲一般餐椅至少可以讓孩子用到二到三歲，而從吃副食品開始到三歲，正是養成進食好習慣的關鍵時期。

孩子是藉由模仿大人的行爲來學習與外界互動與溝通，因此父母所需要做的就是示範良好的行爲，並提供適合的工具或設備，讓孩子練習各種社會化行爲。假使家長沒有替孩子準備適合的兒童餐椅，孩子就得因爲身材而屈就在茶几、小椅子吃飯。如此不良的用餐環境，會讓孩子容易因爲進食不易並產生挫折，進而排斥自己吃飯，養成依賴的行爲；也會因爲一旁的刺激干擾物過多，而不易專心進食、影響飲食攝取。

提供適合孩子的餐椅，不但能幫助孩子培養獨立進食的能力，更能透過自己吃飯這件事而獲得成就感，進一步累積對自己的正向價值感與提升自我肯定，對於孩子日後發展是非常有助益的。

科學育兒新觀念

挑選餐椅的重點

自嬰幼兒開始吃副食品時，就可以讓孩子學習坐在餐椅上進食。選擇餐椅時應注意以下幾點原則：

家長可選擇可調整高度的摺疊餐椅，讓孩子學習坐在椅子上吃飯。

①款式方面：選擇可調整椅子高度的成長型餐椅是較符合經濟效益的方法。挑選時應注意底面積大、重心低的結構才不易傾倒。

②材質方面：可考慮容易清洗的材質，方便大人拆卸清洗，才不會滋生細菌。

③安全方面：觀察餐椅有無適合的綁帶，來提高孩子坐餐椅時的穩定度。注意餐椅有無任何可能夾傷幼兒手指的地方，例如椅背與椅面交界處、椅子與桌面交界處等。還有，當孩子有強烈動機想模仿大人坐在餐桌邊吃飯時，可選擇無桌面或桌面可拆下的餐椅，讓孩子靠近大人的餐桌一起吃飯，切勿讓孩子在無大人陪同的情況下，自行坐在餐椅上。另外，若爲可摺疊收納式的餐椅，應注意有無卡榫或其他裝置來鎖住餐椅，以免孩子自行調整而發生意外。

TOP 8 孩子喜歡吸奶嘴，可以等上學再戒嗎？

育兒大家說

孩子很愛吸奶嘴，不讓他吸就會大哭、沒有安全感，尤其晚上更要吸奶嘴才能睡覺，我想等孩子上學再來戒奶嘴也不遲吧！

育兒專家說

錯！口腔期適度的吸奶嘴可以讓孩子有安全感，但長期吸奶嘴卻會妨害牙齒與上下頷骨的發育、影響咬合與美觀，也會造成過度依賴，進而影響孩子的情緒與人際發展。

臨床實例

三歲的小真心情不好時總是需要含著奶嘴才能平靜下來，媽媽說小真已經進步很多了，兩歲半之前的她根本不能沒有奶嘴，不管做任何事都要吸奶嘴才行，儘管大人取笑、責備她也不為所動。雖然媽媽很想戒掉小真吸奶嘴的習慣，但是小真大哭大鬧的行為，卻讓媽媽完全沒輒！於是媽媽問我能否等到小真四歲去上幼兒園之後再戒，我告訴她萬萬不可！因為小真吸奶嘴的行為已經影響到她的情緒，再拖一年只會讓情況惡化，加上上幼兒園這樣的重大環境變化，絕對會比現在更難戒掉這個壞習慣。

聽我這麼一說，媽媽這才下定決心，開始訓練小真戒奶嘴。除了逐漸減少小真吸奶嘴的時間、配合觸覺刷與身體按摩來安撫小真的情緒之外，媽媽還特地買了一本關於奶嘴的繪本，每天陪小真重覆閱讀來加強她對於戒奶嘴的認知。小真從一開始的抗拒大哭，慢慢縮短哭泣的時間，也逐漸能理解繪本的內容。現在的小真雖然還是會想起奶嘴，但很快的就可以告訴自己：「我已經長大了，不再是小寶寶，也不需要奶嘴了！」媽媽到現在還是覺得很不可思議，原來戒奶嘴並沒有想像中那麼困難呢！

錯誤的育兒觀念

以激烈的手段要求孩子戒奶嘴

很多家長會以在奶嘴上塗辣椒、剪破奶嘴等手段，強迫孩子戒除奶嘴。其實，這些激烈手段容易造成孩子恐懼、不知所措與其他負面情緒，倘若家長未適時處理，長久累積下來會對孩子的心理發展造成不良影響。即使孩子滿兩歲以上，很多父母還是會在孩子大哭大鬧、發脾氣的時候直接塞奶嘴，這樣其實會妨礙情緒的自我管理。每個孩子戒奶嘴的時間都不一樣，但不能等到孩子很會挑戰父母時才來處理。還有些父母認爲一歲以前絕不能養成吃奶嘴的習慣，其實每個孩子都會經歷口腔期，口腔感覺必須被滿足，長大後才有更健全的人格。

科學育兒新觀念

以循序漸進的方式戒奶嘴

雖然每個孩子的生理與心理發展不同，但大致上一歲之後便可開始戒奶嘴。建議戒奶嘴時宜採取循序漸進的方式，先溫和的告訴孩子，長大了要慢慢改掉吃奶嘴的習慣，同時從減少白天吸奶嘴的時間開始，並可適度轉移孩子注意力，請家長務必耐心的陪伴孩子度過戒奶嘴的日子。

如果孩子有生氣、哭泣等反應，父母可利用觸覺刷、擁抱孩子與身體按摩等方式來安撫孩子的情緒；也可以提供其他耐咬的食物（如魷魚絲），讓孩子藉由咀嚼來按摩牙齦，同樣有改善效果。

長期吸奶嘴容易導致牙齒問題

六個月以下的孩子可以藉由吸奶嘴來整合原始的口腔反射動作、發展良好的呑嚥與呼吸調節能力；而六到十二個月的孩子則可以開始透過練習吃副食品，來發展嘴巴周圍肌肉與舌頭動作、咀嚼能力，因此可開始訓練孩子慢慢戒掉奶嘴。假使讓孩子長期吸奶嘴，甚至到三、四歲都不予理會，將直接影響乳牙的排列，使上排牙齒排列較平且向外，也就容易使牙齒咬合不良，甚至造成日後的暴牙。建議家長可透過與孩子一起閱讀跟奶嘴有關的繪本，或是編造有關奶嘴的故事唸給孩子聽，強化孩子戒奶嘴的信念與決心。

TOP 9 孩子自己吃東西容易弄髒，等大一點再練習比較好？

育兒大家說

孩子才剛滿一歲半就想要自己拿湯匙吃東西，可是動作還不成熟，每次都把食物灑得到處都是，清理起來很累人，我想還是等他大一點再讓他練習自己吃飯好了。

育兒專家說

錯！六個月大的嬰兒就會開始對大人吃的食物與餐具產生興趣，透過拿食物放入嘴巴的過程，可以幫助孩子整合視覺與動作，協調上肢各關節的活動，做出有意義的動作，此時也是孩子透過簡單操作培養對物品的認知與建立自我概念的時期。如果家長不讓他們練習吃東西，等於是剝奪了早期的動作經驗，對於日後的動作、認知、自我概念與自信心等各領域發展都有不良影響。

臨床實例

三歲的宏宏不太喜歡吃飯，每到吃飯時間總是要人追著餵，才肯勉強吃幾口。媽媽很苦惱的問我為什麼？仔細詢問後，才知道原來宏宏很小就開始想要自己拿湯匙吃東西，可是媽媽怕他弄得到處都是，也為了節省時間，所以不肯讓他自己吃。起初宏宏還會哭鬧抗議，但一段時間後便放棄哭鬧，變成不愛坐在餐椅上吃飯，一直想溜下來玩玩具。父母為了讓他吃完飯也就由他去，慢慢演變成現在這種追著餵飯的習慣。

我建議媽媽把湯匙還給宏宏，帶宏宏去買他喜歡的餐具，並且從現在開始每天讓他自己吃飯，他想吃哪樣菜就讓他自己舀，大人不必太干涉。很快的，宏宏就又開始愛上自己拿湯匙舀飯、舀湯，雖然還是灑得滿桌都是，但媽媽說宏宏愛吃飯比任何事情都重要！

錯誤的育兒觀念

讓孩子自己吃飯只會弄髒

「孩子自己吃飯弄得亂七八糟，根本什麼也沒學到，還養成不良的習慣，不如大人餵比較好。」這是非常錯誤的觀念，每個大人都是從小經由不斷練習拿湯匙、筷子，吃飯才能吃得像現在那麼好，因爲用湯匙舀飯這個看似簡單的動作，其實牽涉到的能力相當廣泛。從身體軀幹保持直立，肩膀、手肘與手腕提供適度穩定性，手指抓握湯匙或食物的能力，到視覺引導動作配合拿取物品，再保持抓握不掉落，平順送入口。這一連串的感覺動作與認知的配合過程，是需要不斷重複練習才能在大腦建立強大連結，也才能使吃飯的動作表現越來越好，所以孩子是不可能不透過練習就自己學會吃好飯的。

用輔助湯匙可以幫助孩子學習

許多人以爲彎把輔助湯匙可以讓孩子提早學會自己吃飯，這也是錯誤的觀念。長期使用輔助湯匙可能會讓孩子將來使用一般湯匙時協調性較差，也會減少刺激孩子關節協調與靈活的發展。

另外，自己進食能帶給孩子大量的成就感，培養正向的自我概念。許多家長不顧孩子的抗議，堅持由大人餵食，孩子可能會出現「習得的無助感」，認爲「反正我再怎麼抗議也沒用，算了，我就是吃不好！」這對孩子的學習動機是莫大的傷害，同時也是非常錯誤的保護過度舉動，會讓孩子白白失去了最寶貴的練習機會。

科學育兒新觀念

從小開始練習

三個月大的嬰兒就可以練習用雙手扶著奶瓶；而當嬰幼兒開始添加副食品時，則可以讓他們練習用手抓米餅，訓練以手就口的進食動作。隨著孩子咀嚼能力增加，可以漸漸改變食物的形狀（如圓形、塊狀等），增進孩子手指抓握能力。

一旦孩子對大人手中的湯匙有興趣，便可讓孩子練習自己拿湯匙舀碗中的小餅乾或副食品，此時只需提醒孩子湯匙的正確用法，不要強迫他一定得舀起來送進口中。

選擇餐具的重點

在選擇孩子的餐具時，建議父母參考以下幾項重點：

①湯匙：材質以不鏽鋼爲佳，未長牙與牙齒較少的嬰幼兒可用矽膠等軟材質，避免傷害牙齦。湯匙面的大小需隨著孩子成長更換，但湯匙面的深度不宜過深，以免增加進食難度。另外，由於幼兒的抓握能力尚未成熟，建議選擇較粗的握把，以方便幼兒使用。

②碗：當幼兒以手抓取食物進食時，可選擇材質安全的餐盤把食物分隔開，以方便孩子選擇與拿取。若孩子開始練習用湯匙進食，則可選擇底部有吸盤或底面積較大的碗，以防止傾倒。

可從小訓練孩子吃東西時的抓握能力，
不一定非要透過彎柄湯匙來訓練。

TOP 10 搖搖馬對孩子沒什麼幫助，不坐也沒關係嗎？

育兒大家說

許多小朋友都喜歡坐在搖椅或搖搖馬上搖擺，但大人老是害怕孩子容易跌倒發生危險，反正這種搖晃也沒什麼好處，還是盡量減少比較好！

育兒專家說

錯！大部分的孩子喜歡搖晃的感覺，代表大腦有搖晃的需求，可以前庭平衡感覺刺激來滿足自己，不應一味的制止，而且適當的前庭感覺刺激能穩定孩子情緒，增加專注，減少好動。大人可以選擇較安全的幼兒專用搖椅、搖搖馬或跳跳馬來替代，減少危險情況的發生。

臨床實例

每次進行團體訓練課程時，一群孩子一進到治療室，兩歲半的小嘉總是一個人衝到搖搖馬上，獨自享受搖擺的樂趣。偶爾有其他孩子也想玩搖搖馬時，就會把小嘉推開，但他不說話也不求救，只是一直守候在旁邊，等到沒人時就會再度坐上搖搖馬，看他搖晃時愉悅的樣子，就好像得到全世界一樣。當小嘉三歲半時，發現盪鞦韆更有趣，每次一上課總是最快衝到鞦韆前面坐好，不會自己搖晃的他則會發出聲音讓大人幫他，搖得越高越開心，甚至還會開心的看著大人呵呵笑。而小嘉在經過搖搖馬與鞦韆的搖晃刺激之後，竟然變得比較能安靜坐著玩玩具，並且喜歡跟其他孩子互動，眼神對焦專注學習的能力也變好了！

錯誤的育兒觀念

搖晃腦部會受傷

在嬰幼兒期，許多父母因爲害怕搖晃孩子容易使腦部受創，因此會過度保護孩子，導致孩子大腦前庭感覺刺激不足，無法感受調節在不同姿勢下的地心引力，造成日後孩子低肌肉張力（軟趴趴）、活動量過大或過小、沒有精神、情緒不穩定、愛哭等問題。

其實，一歲以上的孩子動作能力快速成熟，像是爬行或走路時慢慢喜歡加快、在家喜歡爬高爬低等，都是有意義的前庭功能正常發展。家長若斥責制止、不提供環境與活動，反而會讓孩子有感覺統合的異常現象。

科學育兒新觀念

適度的搖晃可給予前庭感覺刺激

前庭感覺系統是大腦中樞神經系統之一，接受器在內耳的功用是偵測頭部的位置與相對地心引力，在生活的各種動作中，調整頭與身體的位置平衡，好比是身體的導航系統。因此，前庭功能失調容易使孩子怕高、怕較快的速度變化。

自母親懷胎十月的過程，寶寶在羊水中很早即可接受前庭感覺刺激，進而促進胎兒大腦前庭的調節功能。所以，在懷孕過程要保持適當的走動，不可刻意減少身體活動。若孕婦有流產疑慮，可以安樂搖椅替代，早晚各坐一次，一次十分鐘以內，給予前庭感覺輕微的刺激。

嬰兒時期，父母可以搖床與抱著輕輕搖晃，適度給予前庭感覺刺激；幼兒時期，父母可以簡單遊戲來給予前庭感覺刺激，如包在浴巾裡，大人抓兩頭慢慢搖晃、在床上翻滾、坐有把手的搖搖馬等；等孩子再大一點，則可以帶孩子到附近的公園或學校玩遊樂器材，如鞦韆、溜滑梯、翹翹板等活動，提供大腦足夠的前庭感覺刺激。

其實在家就可以進行感覺統合遊戲，但孩子如有感覺統合前庭問題（怕高、怕速度、平衡差、不會跳、動作不協調、低肌肉張力等），一定要尋求專業的兒童職能治療師施行感覺統合的治療。

The Eurasian Publishing Group
圓神出版事業機構
用心與你對話・視野無限寬廣
方智出版社
Fine Press

http://www.booklife.com.tw　reader@mail.eurasian.com.tw

方智好讀 016

孩子的教養，你做對了嗎？
——兒童發展專家教你輕鬆學腦科學育兒法

作　　者／王宏哲
發 行 人／簡志忠
出 版 者／方智出版社股份有限公司
地　　址／台北市南京東路四段50號6樓之1
電　　話／（02）2579-6600・2579-8800・2570-3939
傳　　真／（02）2579-0338・2577-3220・2570-3636
郵撥帳號／13633081　方智出版社股份有限公司
總 編 輯／陳秋月
資深主編／賴良珠
責任編輯／張瑋珍
美術編輯／陳素蓁
行銷企畫／吳幸芳・簡琳
專案企畫／賴真真・吳靜怡
印務統籌／林永潔
監　　印／高榮祥
校　　對／柳怡如
排　　版／杜易蓉
經 銷 商／叩應股份有限公司
法律顧問／圓神出版事業機構法律顧問　蕭雄淋律師
印　　刷／祥峰印刷廠
2012年6月　初版
2022年7月　36刷

定價 340元　ISBN 978-986-175-269-3

你本來就應該得到生命所必須給你的一切美好！

祕密，就是過去、現在和未來的一切解答。

——《The Secret 祕密》

國家圖書館出版品預行編目資料

孩子的教養，你做對了嗎？：兒童發展專家教你輕鬆學腦科學育兒法／王宏哲 著. -- 初版 -- 臺北市：
方智，2012.6
312面；17×23公分 --（方智好讀；16）

ISBN：978-986-175-269-3（平裝）

1. 育兒 2. 兒童發展

428.8 101007040